石油天然气工业常用术语中俄文释义手册

Пособие по толкованию терминов в нефтегазовой промышленности на китайско-русском языке

主编　黄永章

Директор: Хуан Юнчжан

储层改造术语释义手册

Терминология в области интенсификации притока пласт-коллектора методом гидроразрыва пласта

何旭鵁　杨立峰　任立新　赵亮东

Хэ Сюйцзяо　Ян Лифэн　Жэнь Лисинь　Чжао Ляндун

亚历山大·叶尔菲莫夫

Александр Елфимов

◎等编著

и другие составители

石油工业出版社

Издательство «Нефтепром»

图书在版编目（CIP）数据

储层改造术语释义手册 / 何旭鸿等编著 .—北京：石油工业出版社，2024.1

（石油天然气工业常用术语中俄文释义手册）

ISBN 978-7-5183-6247-9

Ⅰ.① 储… Ⅱ.① 何… Ⅲ.① 油气藏–储集层–油层改造–名词术语–注释 Ⅳ.① P618.130.2

中国国家版本馆 CIP 数据核字（2023）第 168510 号

出版发行：石油工业出版社

（北京安定门外安华里 2 区 1 号　100011）

网　址：www.petropub.com

编辑部：（010）64523541　　图书营销中心：（010）64523633

经　　销：全国新华书店

印　　刷：北京中石油彩色印刷有限责任公司

2024 年 1 月第 1 版　2024 年 1 月第 1 次印刷

787×1092 毫米　开本：1/16　印张：11.5

字数：260 千字

定价：80.00 元

（如出现印装质量问题，我社图书营销中心负责调换）

《石油天然气工业常用术语中俄文释义手册》
编 委 会
Редакционный комитет

专 家 组
Группа экспертов

《储层改造术语释义手册》
编 写 组
Группа составителей

组　　长：(Начальники группы)

杨立峰	何旭鸡	任立新	赵亮东
Ян Лифэн	Хэ Сюйцзяо	Жэнь Лисинь	Чжао Ляндун
亚历山大·叶尔菲莫夫			
Александр Елфимов			

成　　员：(Члены)

王　欣	卢拥军	崔明月	姚　飞
Ван Синь	Лу Юнцзюнь	Цуй Минъюэ	Яо Фэй
陈彦东	易新斌	才　博	赫安乐
Чэнь Яньдун	И Синьбинь	Цай Бо	Хэ Аньлэ
梁　冲	朱大伟	杨　恺	王子健
Лян Чун	Чжу Давэй	Ян Кай	Ван Цзыцзянь
王　刚	刘　哲	范　濛	翟振宇
Ван Ган	Лю Чжэ	Фань Мэн	Чжай Чжэньюй
洪　亮	李　帅	高跃宾	贾新峰
Хун Лян	Ли Шуай	Гао Юэбинь	Цзя Синьфэн

阿列克谢·贝克马切夫	维塔利·沃特切里
Алексей Бекмачев	Виталий Вотчель
丹尼尔·杜别科	马克西姆·伊万诺夫
Данил Дубенко	Максим Иванов
马克西姆·卡詹采夫	伊戈尔·马雷舍夫
Максим Казанцев	Игорь Малышев
康斯坦丁·马尔琴科	亚历山大·布洛斯科夫
Константин Марченко	Александр Плосков
尼古拉·拉维洛夫	亚历山大·萨莫伊洛夫
Николай Равилов	Александр Самойлов
维亚切斯拉夫·斯科柯夫	弗拉基米尔·特罗伊兹基
Вячеслав Скоков	Владимир Троицкий
塔季扬娜·图克马科娃	阿廖娜·费奥克吉斯托娃
Татьяна Тукмакова	Алена Феоктистова

序

FOREWORD

改革开放40多年,国际交流与合作对推动我国石油工业的快速发展功不可没。通过大力推进国际科技交流与合作,中国快速缩短了与世界科技发达国家的差距,大幅度提升了中国科技的国际化水平和世界影响力。中国石油工业由内向外,先“海洋”再“陆地”,先“引进来”再“走出去”。20世纪90年代以来,“走出去”战略加快实施,中国石油开启了国际化战略,海外油气勘探开发带动了国际业务的跨越式发展,留下了坚实的海外创业足迹。

10年来,中国石油紧紧围绕政策沟通、设施联通、贸易畅通、资金融通、民心相通目标,坚持共商、共建、共享原则,持续深化“一带一路”能源合作。通过积极举办、参与国际交流合作活动,全力应对气候变化,创新油气开发技术,提升国际化经营管理水平,助力东道国和全球能源稳定供应,推动构建更加公平公正、均衡普惠、开放共享的全球能源治理体系不断探索。

“交得其道,千里同好”。中俄共同实施“一带一路”倡议,成功走出了一条大国战略互信、邻里友好的相处之道,树立了新型国际关系的典范。

展望未来,中俄科技领域的语言互联互通的重要性就更为凸显。为此,中国石油与俄罗斯石油股份公司、俄罗斯天然气工业股份公司共同合作,针对石油天然气工业重点专业领域,由中国石油科技管理部具体组织,中国石油勘探开发研究院携手中国石油工程材料研究院、中国石油石油化工研究院等单位,与俄罗斯石油股份公司、俄罗斯天然气工业股份公司合作,汇集200多名行业专家,历时近3年,先期围绕油田提高采收率、储层改造、石油管材及炼油催化剂等专业领域,开展常用术语及通用词汇的中英俄文释义研究,编撰并出版石油天然气工业中英俄文释义手册。手册汇聚了众多专家的经验智慧,饱含广大科技工作者的辛勤汗水。丛书共计4个分册,2000多个条目。

我坚信,手册的出版将成为中国与中亚-俄罗斯地区科技文化交流的桥梁,油气能源科技交流合作的纽带,推动标准化领域实现"互联互通"的基石,从而推动油气能源合作走深、走实、走远!

黄永章

2023年11月

Введение

FOREWORD

За более чем 40 лет с момента проведения политики реформ и открытости международные обмены и сотрудничество внесли значительный вклад в стремительное развитие нефтегазовой промышленности Китая. Благодаря активному развитию международного научно-технического обмена и сотрудничества Китай быстро сократил отставание от технически развитых стран, а также существенно повысил международный уровень и влияние китайской науки и техники в мире. Нефтегазовая промышленность Китая осуществила разворот от ориентации на внутренний рынок к ориентации на внешний рынок, от освоения морских месторождений к освоению месторождений на суше, от стратегии «привлечения зарубежного» к стратегии «выхода за границу». С ускорением реализации стратегии «выхода за границу» в 90-х годах XX века Китайская национальная нефтегазовая корпорация (КННК) приступила к осуществлению стратегии интернационализации. Разведка и разработка нефтяных и газовых месторождений за рубежом способствовали скачкообразному развитию международной деятельности корпорации и оставили заметный след в ее предпринимательской деятельности за рубежом.

За последние десять лет, уделяя внимание укреплению взаимосвязей в области политики, инфраструктуры, торговли, финансов и между людьми, руководствуясь принципами совместных консультаций, совместного строительства и совместного использования, КННК продолжала углублять сотрудничество в области энергетики в рамках «Одного пояса, одного пути». Активно организуя и участвуя в мероприятиях по обмену и сотрудничеству, КННК прилагает неустанные усилия, чтобы противостоять изменениям климата, внедрять инновационные технологии в разработку нефтегазовых ресурсов, повышать уровень международной деятельности и управления, оказывать помощь принимающим странам и стабильному обеспечению мировой энергетики, а также продвигать исследования в области формирования более справедливой и равноправной, сбалансированной и инклюзивной, открытой и совместной системы глобального энергетического управления.

«Партнерство, выкованное правильным подходом, бросает вызов географическому расстоянию». Совместно реализуя инициативу «Один пояс, один путь», Китай и Россия успешно прошли путь взаимного стратегического доверия, добрососедства и дружбы между крупными державами и установили образец международных отношений нового типа.

В перспективе важность взаимосвязи между Китаем и Россией в области научно-технической терминологии очевидна. В этой связи КННК, ПАО «НК «Роснефть» и ПАО «Газпром» совместно изучили глоссарий часто употребляемых терминов в нефтегазовой отрасли, в итоге создали «Пособие по толкованию терминов в нефтегазовой промышленности на китайско-русском языке», что является очень важной работой. Научно-исследовательский институт разведки и разработки при Китайской национальной нефтегазовой корпорации с Научно-исследовательским институтом инженерных материалов КННК и Научно-исследовательским институтом нефтехимической промышленности собрали более 200 отраслевых экспертов, которые в течение двух с лишним лет были сосредоточены на изучении методов повышения коэффициента извлечения нефти, повышении качества нефтепроводных труб и катализаторов нефтепереработки, а также издали единое и стандартизированное

«Пособие по толкованию терминов в нефтегазовой промышленности на китайско–русском языке». Издание данного пособия является результатом кропотливой работы авторов и объединяет опыт и знания множества специалистов. Весь труд состоит из четырех томов, в которых содержится более 2000 статей.

Уверен, что данное пособие послужит мостом для культурного обмена между Китаем и регионами Центральной Азии и России и станет связующим звеном для стыковки технологий всех сторон, участвующих в нефтегазовом сотрудничестве, а также краеугольным камнем для продвижения взаимосвязи в области стандартизации. Это толчок тому, чтобы нефтегазовое сотрудничество стало еще глубже, содержательнее и долгосрочнее!

Хуан Юнчжан

Ноябрь 2023 г.

前言

PREFACE

近年来,国际能源合作交流频繁,尤其中俄之间合作密切,同时“一带一路”建设中,能源领域很多国家采用俄语作为官方语言,术语的一致性和准确性将直接影响国际合作的顺利进行,关乎国际合作的效率和质量。

储层改造作为油气田开发领域一项关键工程技术,尤其是21世纪以来,取得了快速发展和不断突破,从常规低渗透储层到页岩油气非常规储层,从直井分层到水平井分段压裂,新认识、新理念、新工艺、新方法、新工具、新材料,也在不断涌现和演变,产生了很多新的术语。这些术语,由于诞生时间短,一些概念比较模糊,在文献和会议交流中,都没有给出明确的定义,给专业人员之间的沟通和应用,尤其是国内外技术交流带来困扰。亟待编写一套简洁、明确的术语解释手册。

中国石油高度重视,设立了《储层改造术语释义手册》编写专题。通过召集行业专家和技术人员进行专题技术研讨,梳理出常用的词条和新词条,采用集中办公方式,在充分调研国内外文献的基础上,从术语的产生、工程技术背景、技术内涵、囊括的工序,逐条进行分析和解释,并相应翻译成俄文,与俄罗斯专家进行沟通确认,保障双方能够就词条及解释内容达成共识。

通过本书的编写,一方面为专业人员提供清晰的术语解释,使得专业人员可以更加准确地理解和运用储层改造术语,提高工作效率,避免误解和沟通障碍,为储层改造持续发展提供有力支持;另一方面为国际交流提供一个通用的术语解释标准,使不同国家、不同背景的专业人员能够更好地沟通和交流,促进合作的深入开展,推动全球能源领域的共同发展。

本书涵盖了储层改造领域的设计基础、数值模拟与设计、工艺、施工材料、工具与装备、现场实施以及测试与评估7个方面的内容，术语共657条。

第一部分是与岩石力学、地应力、储层伤害和流变学相关的基础知识。由杨立峰、侯冰、丁云宏、王欣、卢拥军等编写；第二部分涵盖了水力裂缝、油气藏数值模拟与设计以及设计与工艺参数的内容，由王欣、杨立峰、朱大伟、丁云宏、姚飞等编写；第三部分介绍了水力压裂工艺、酸化工艺、酸压工艺和特殊工艺等不同的储层改造工艺，由王欣、才博、丁云宏、赫安乐、陈彦东、崔明月等编写；第四部分包括了压裂液、酸液、支撑剂和废料处理及重复利用方面的内容，由卢拥军、崔明月、赫安乐、陈彦东等编写；第五部分介绍了井下工具和装备方面的相关内容，由陈彦东、梁冲、丁云宏、崔明月、王欣等负责编写；第六部分涉及储层改造现场实施的过程，包括施工、压后返排和质量控制等方面，由陈彦东、丁云宏、崔明月、朱大伟、王欣等负责编写；第七部分涵盖了测试压裂、裂缝监测和后评估相关的内容，由王欣、才博、修乃领、杨立峰、梁冲等负责编写。全书由何旭鵁和杨立峰进行统稿，丁云宏最终审定。

希望本书能够成为技术人员的参考工具，对国内专业人员的沟通和应用以及国际交流合作发挥重要作用，为石油工业的可持续发展贡献一份力量。

由于作者的知识局限性和个人对术语的理解水平，不当之处在所难免，请广大读者批评指正。

Предисловие

PREFACE

В последние годы международное сотрудничество и обмены в области энергетики, в частности между Китаем и Россией, стали постоянными и тесными. В совместном строительстве “Одного пояса, одного пути” многие государства в энергетической сфере используют русский язык в качестве официального языка. Однозначность и точность терминов непосредственно влияют на эффективность и качество международного сотрудничества.

Технология интенсификации притока пласт–коллектора методом гидроразрыва пласта является ключевой инженерной разработкой нефтегазовых месторождений. Особенно в XXI веке, когда технология развивается быстрыми темпами, и совершаются инновационные прорывы. Используются как традиционные разработки низкопроницаемых коллекторов, так и разработки нетрадиционных сланцевых месторождений нефти и газа, применяются как для одновременно–раздельного гидроразрыва в вертикальной скважине, так и для стадийного гидроразрыва в горизонтальной скважине. С постоянным появлением и эволюцией новых познаний, свежих концепций, передовых технологий, обновленных методов, современных инструментов и материалов, родилось множество новых терминов. По причине недавнего появления этих терминов, некоторые понятия еще размытые. В документах и при обсуждении на заседаниях не давались четкие определения, тем самым создавались проблемы для технических сотрудников во время их общения и применения терминов на практике, особенно при технических обменах в стране и за рубежом. Таким образом наступило время незамедлительного создания справочника четких терминов и лексики по нефтегазовой промышленности.

Китайская национальная нефтегазовая корпорация (КННК), придавая большое значение этому делу, создала специальный проект по подготовке терминов в области обработки пласт-коллекторов методом ГРП. Созыв экспертов и технических кадров в этой области позволил провести технические исследования и обсуждения частоупотребительных новых терминов. При централизованном режиме работы, на основе полного исследования отечественной и зарубежной научной литературы, был проведен анализ и толкование терминов с учетом технических предпосылок, технической коннотации и технических процессов. Термины переведены на английский и русский языки, их толкования даны на русском языке. В результате обсуждения с российскими экспертами, обе стороны смогли достичь консенсуса в терминах и их толкованиях.

Настоящая Терминология, с одной стороны, может предоставить техническим сотрудникам четкие толкования понятий, тем самым повысить эффективность работы, избегать недоразумений и коммуникационных барьеров, позволяет обеспечить мощную поддержку для устойчивого развития технологии обработки пласт-коллекторов методом ГРП; с другой стороны, предлагает унифицированный стандарт толкования терминов для международных технических обменов, и помогает техническим сотрудникам разных уровней из сопредельных государств лучше понимать друг друга, способствовать углублению сотрудничества и содействовать совместному развитию мировой энергетики.

Настоящая Терминология состоит из 7 частей, в ней даны основные знания по численному моделированию и дизайну обработки пласт-коллекторов методом ГРП, включены материалы для осуществления обработки пласт-коллекторов инструментами и оборудованием на рабочей площадке, даны рекомендации по испытанию и оценке в области обработки пласт-коллекторов методом ГРП. В общей сложности составлено 657 терминов.

В первой части приводятся основные знания, связанные с дизайном обработки пласт-коллекторов методом ГРП, в том числе описаны механические свойства горных пород, напряженное состояние в пласте, повреждение пласт-коллектора и реология. Над этой частью работали составители: Ян Лифэн, Хоу Бин, Дин Юньхун, Ван Синь, Лу Юнцзюнь и др. Во второй части издания приводятся примеры численного моделирования, дизайн нефтегазовых залежей и трещин гидроразрыва, а также предлагаются: содержание дизайна и технологические параметры, которые разработаны сотрудниками: Ван Синь, Ян Лифэн, Чжу Давэй, Дин Юньхун, Яо Фэй и др. В третьей части представлены различные технологии обработки пласт-коллекторов методом ГРП, такие как технология гидроразрыва пласта, технология кислотной обработки, технология кислотного гидроразрыва пласта и специальные технологии, подготовленные сотрудниками: Ван Синь, Цай Бо, Дин Юньхун, Хэ Аньлэ, Чэнь Яньдун, Цуй Минъюэ и др. В четвертую часть издания включены материалы для осуществления обработки пласт-коллекторов методом ГРП, а также применение различных жидкостей гидроразрыва, кислотных растворов, пропантов, переработка и повторное использование отработанных материалов. Над содержанием этой части работали сотрудники: Лу Юнцзюнь, Цуй Минъюэ, Хэ Аньлэ, Чэнь Яньдун и др. В пятой части представлены различные инструменты и оборудование для обработки пласт-коллекторов методом ГРП, в том числе скважинные инструменты, оборудование для подготовки и обработки скважин. Составители этой части: Чэнь Яньдун, Лян Чун, Дин Юньхун, Цуй Минъюэ, Ван Синь и др. В шестой части приводится процесс обработки пласт-коллекторов на площадке, в том числе проведение обработки пласт-коллекторов методом ГРП, дренаж после гидроразрыва и контроль качества. Составители: Чэнь Яньдун, Дин Юньхун, Цуй Минъюэ, Чжу Давэй, Ван Синь и др. В последней части представлены результаты испытаний и оценка, в том числе тестовые закачки при гидроразрыве пласта, мониторинг трещин и ретроспективная оценка. Над содержанием этой части работали: Ван Синь, Цай Бо, Сюй Найлин, Ян Лифэн, Лян Чун и др. Настоящая Терминология отредактирована Хэ Сюйцзяо и Ян Лифэном, рассмотрена и утверждена Дин Юньхуном.

Надеемся, что настоящая Терминология станет настольным справочником для технических сотрудников всех уровней, сыграет важную роль во внутреннем общении специалистов, на международных встречах по научному обмену и сотрудничеству, а также внесет вклад в устойчивое развитие нефтяной промышленности.

Будем благодарны Вашим отзывам о нашей книге!

目　录

СОДЕРЖАНИЕ

第一章　储层改造设计基础

Часть I. Основа для дизайна интенсификации притока пласт–коллектора

岩石力学

Механика горных пород

岩石力学(rock mechanics)　运用力学和物理学的原理研究岩石或岩体在外力作用下的应力状态、变形特征和破坏条件等力学性质的学科,是固体力学的一个分支。

Механика горных пород.　Наука, изучающая напряженное состояние, деформационные характеристики, условия разрушения и другие механические свойства горных пород или массивов горных пород под действием внешних сил в соответствии с принципами механики и физики, является подразделом механики твердого тела.

地质力学(geomechanics)　运用力学原理研究地壳构造和地壳运动规律及其起因的学科,是地质学领域内的学科之一。

Геомеханика.　Наука, изучающая тектонику, закономерность движения земной коры и естественные физические причины в соответствии с принципом механики, является одной из наук в области геологии.

断裂力学(fracture mechanics)　研究材料和工程结构中裂纹扩展规律的学科,是固体力学的一个分支。

Механика разрушений.　Наука, изучающая закономерность распространения трещин в материалах и инженерных конструкциях, является подразделом механики твердого тела.

线弹性断裂力学(linear elastic fracture mechanics) 用弹性力学的线性理论对裂纹体进行力学分析,并采用由此求得的应力强度因子、能量释放率等特征参量作为判断裂纹扩展的准则,是断裂力学的一个分支。

Механика линейно–упругого разрушения. Наука, выполняющая механический анализ трещин по линейной теории упругости, использующая полученные характерные параметры, такие как коэффициент интенсивности напряжений и скорость высвобождения энергии и др., в качестве критериев для определения распространения трещин, является подразделом механики разрушения.

弹塑性断裂力学(elastoplastic fracture mechanics) 用弹性力学和塑性力学的理论研究变形体中裂纹的扩展规律,是断裂力学的一个分支。

Механика упругопластичного разрушения. Наука, изучающая закономерность распространения трещин в деформированных телах по теориям упругости и пластичности, является подразделом механики разрушения.

杨氏模量(Young's modulus) 在岩石单向压缩时,弹性变形阶段内应力和应变的比值,又称弹性模量。

Модуль Юнга. Величина отношения внутреннего напряжения к деформации на стадии упругой деформации при одностороннем сжатии горных пород, также называется модулем упругости.

体积模量(bulk modulus) 岩石所受的均匀压强与其体积相对变化量的比值。

Объемный модуль упругости. Величина отношения равномерного напряжения к относительному изменению объема горных пород.

剪切模量(shear modulus) 岩石所受剪切应力与应变的比值。

Модуль сдвига. Величина отношения сдвигающего напряжения к деформации горных пород.

泊松比(Poisson's ratio) 岩石沿载荷方向(轴向)产生压缩变形的同时,在垂直于载荷方向(周向)会产生伸长变形,周向上的应变与轴向上的应变之比称为泊松比。

Коэффициент Пуассона. Величина отношения деформации по направлению вдоль окружности к деформации по осевому направлению при деформации сжатия вдоль направления нагрузки (осевого направления) и деформации растяжения, перпендикулярной направлению нагрузки (осевому направлению).

动态力学参数(dynamic mechanical parameter) 通过测定超声波在岩石中的传播速度而获得的岩石力学参数。

Динамический механический параметр. Механический параметр горных пород, полученный путем определения скорости распространения ультразвуковых волн в горных породах.

静态力学参数(static mechanical parameter) 岩石在室内静载荷作用下所表现出的力学性质参数。

Статический механический параметр. Параметр механического свойства горных пород под действием статической нагрузки в лабораторных условиях.

破裂准则(failure criteria) 岩体发生破裂或断裂时所满足的力学条件。

Критерий разрушения. Механическое условие, удовлетворяющее при разрушении или разрыве массивов горных пород.

断裂韧性(fracture toughness) 反映岩石抵抗裂纹失稳扩展能力的性能参数。

Трещиностойкость. Параметр, характеризующий способность горных пород противостоять распространению трещин.

岩石脆性(rock brittleness) 岩石受力破坏时所表现出的一种固有力学性质,表现为岩石宏观破裂前应变较小,破裂后以弹性能形式释放,岩石大幅度破碎的特性。

Хрупкость горных пород. Существенное механическое свойство горных пород при их силовом разрушении, проявляющееся в небольшой деформации перед макроскопическим разрушением горных пород, также высвобождающееся в форме эластичных свойств после разрушения, особенность крупномасштабного дробления горных пород.

脆性指数(brittleness index) 量化评价岩石脆性并反映弹性变形对岩石破坏作用的参数。

Индекс хрупкости. Параметр, оценивающий количественно хрупкость горной породы и отражающий вклад упругих деформаций в разрушение горной породы.

线弹性(linear elasticity) 当一个物体所受荷载不超过某一限值(弹性极限)时,应力与应变呈现线性关系的性质。

Линейная упругость. Свойство, характеризующее линейную зависимость между напряжением и деформацией в случае, когда нагрузка на объект не превышает определенного предельного значения (предел упругости).

岩石塑性(rock plasticity) 岩石受力后产生变形，载荷卸除后不能完全恢复其变形的性质。

Пластичность горных пород. Свойство, характеризующее деформацию горных пород после воздействия напряжений и неполное восстановление деформации после снятия напряжений.

岩石硬度(rock hardness) 定义为载荷与压痕面积之比，反映岩石局部抵抗其他物体侵入的能力，按测试方法分为划痕硬度、压入硬度和回跳硬度。

Твердость горных пород. Определяется как отношение нагрузки к площади отпечатка, отражающее сопротивляемость горных пород частичному вторжению других веществ. Согласно различным методам испытаний твердость горных пород можно разделить на склерометрическую твердость, индентометрическую твердость, склероскопическую твердость.

布氏硬度(Brinell hardness) 表征储层岩石硬度的重要参数。以一定的载荷将一定直径的钢球或硬质合金球压入岩石表面，并保持规定时间后卸除载荷，测量岩石表面的压痕直径和深度，载荷与压痕表面积的比值即为布氏硬度值。

Твердость по Бринеллю. Важный параметр, характеризующий свойство твердости горных пород-коллекторов. При определенной нагрузке вдавливается стальной шарик или шарик из твердого сплава с определенным диаметром в горные породы, после определенного времени снимается нагрузка и измеряются диаметр и глубина отпечатка на поверхности горных пород, рассчитывается отношение нагрузки к площади поверхности отпечатка, которое называется значением твердости по Бринеллю.

岩石强度(rock strength) 在各种载荷作用下，岩石达到破坏时所能承受的最大应力。

Прочность горных пород. Максимальное напряжение, создаваемое на горные породы при их разрушении под воздействием различных нагрузок.

抗拉强度(tensile strength) 岩石试件在单向拉伸条件下达到破坏的极限拉力值。

Прочность на растяжение. Предельное одноосное растягивающее напряжение, при котором происходит разрушение породы.

抗压强度(compressive strength) 岩石试件在单轴压缩条件下达到破坏的极限压力值。

Прочность на одноосное сжатие. Предельное значение давления, при котором происходит разрушение образцов горных пород в условиях одноосного сжатия.

抗剪强度(shear strength) 岩石试件在剪切力条件下达到破坏的极限压力值。

Прочность на сдвиг. Предельное значение давления, при котором происходит разрушение образцов горных пород в условиях сдвигающего напряжения.

岩石单轴压缩实验(uniaxial compression test of rock) 在单向载荷条件下测定岩石强度、变形和破坏特征的实验。

Испытание горных пород на одноосное сжатие. Эксперимент по определению характеристик прочности, деформации и разрушения горных пород при одноосной нагрузке.

岩石三轴压缩实验(triaxial compression test of rock) 在三向载荷条件下测定岩石强度、变形和破坏特征的实验。

Испытание горных пород на трехосное сжатие. Эксперимент по определению характеристик прочности, деформации и разрушения горных пород при трехосной нагрузке.

应力(stress) 由外力、非均匀温度场和物体中的永久变形等因素引起的物体内部单位截面面积上的内力。

Напряжение. Внутренняя сила на единицу площади поперечного сечения объекта, вызванная внешними силами, неоднородным температурным полем, постоянной деформацией в горных породах и другими факторами.

应变(strain) 在外力和非均匀温度场等因素作用下物体局部的相对变形。

Деформация. Относительная деформация в локальной части объекта под действием внешних сил, неоднородного температурного поля и других факторов.

应力—应变曲线（stress-strain curve） 以应变为横坐标、外加应力为纵坐标绘制出的曲线，其形状可反映出岩石在外力作用下发生的脆性、塑性、屈服、断裂等各种形变过程。

Кривая напряжение–деформация. Кривая зависимости деформации от внешнего приложенного напряжения. Ее форма может отражать различные процессы деформации, такие как хрупкость, пластичность, текучесть и разрушение горных пород под действием внешних сил.

残余应力（residual stress） 消除外力或不均匀的温度场等作用后，仍留在岩石内的自相平衡的内应力。

Остаточное напряжение. Внутренние самобалансирующиеся напряжения, которые остаются в горных породах после устранения действия внешних сил или неравномерного температурного поля.

残余应变（residual strain） 消除外力或不均匀的温度场等作用后，岩石内部残留的不能自动消除的应变。

Остаточная деформация. Неустраняемая деформация, остающаяся в горных породах после устранения действия внешних сил или неравномерного температурного поля.

峰值强度（peak strength） 岩石在一定压应力条件下能够产生的最大强度，即岩石试样应力—应变曲线上最高点对应的应力值。

Пиковое значение прочности. Максимальная прочность горных пород, возникающая при определенных сжимающих напряжениях, то есть значение напряжения, соответствующее наивысшей точке на кривой напряжение–деформация образцов горных пород.

蠕变（creep） 在恒定载荷作用条件下，岩石变形随时间逐渐增长的现象。

Ползучесть. Это явление медленной деформации горных пород, постепенно увеличивающейся со временем, в условиях постоянной нагрузки.

应力强度因子（stress intensity factor） 表征外力作用下弹性物体裂纹尖端附近应力场强度的参量，是表征岩石断裂的重要参数。

Фактор интенсивности напряжения. Параметр, характеризующий напряженность поля напряжений вблизи вершины трещины упругого объекта под действием внешних сил, является важным параметром для характеристики разрушения горных пород.

Biot 系数（Biot's coefficient）　静态孔隙空间变形量与岩石总体积变化量的比值，用于确定孔隙压力对岩石变形的影响。

Коэффициент Био.　Величина, равная отношению разности сжимаемости скелета горных пород и сжимаемости зернистости твердой фазы горных пород к сжимаемости скелета. Используется для определения влияния порового давления на деформацию горных пород.

凯瑟尔效应（Kaiser effect）　岩石的声发射活动能够"记忆"岩石所受过的最大应力的效应。

Эффект Кайзера.　Эффект максимального напряжения, которому подвергаются горные породы и который способен запоминать действие акустической эмиссии горных пород.

内聚力（cohesion）　同种物质内部相邻各部分之间的吸引力，是分子力的一种表现。

Сила сцепления.　Сила притяжения между соседними частями внутри одного и того же вещества, является выражением молекулярной силы.

内摩擦角（internal friction angle）　岩石强度参数，等于剪切破坏时破坏面摩擦系数的余切值。可通过两个以上不同围压的三轴压缩试验测得，其莫尔圆包络线斜率的余切值即是内摩擦角。

Угол внутреннего трения.　Параметр прочности горных пород, равный значению котангенса коэффициента трения поверхности разрушения при разрушении от сдвига, определяется по двум или более различным величинам давления, полученным во время испытания на трехосевое сжатие. Котангенсом углового коэффициента огибающей кривой круговой диаграммы Мора является угол внутреннего трения.

疲劳强度（fatigue strength）　岩石在多次交变载荷作用下不会产生破坏的最大应力，也称疲劳极限。

Усталостная прочность.　Максимальное напряжение горных пород, неразрушающихся под действием многократных изменяющихся рабочих нагрузок, также называется пределом усталости.

剪切断裂（shear fracture）　沿最大剪应力作用面发生的断裂。破裂面两侧岩石的相对位移与破裂面平行，相当于沿破裂面的剪切滑动。

Разрушение при сдвиге.　Разрушение, возникающее вдоль поверхности при максимальном напряжении сдвига. Относительное смещение горных пород по обеим сторонам поверхности разрушения параллельно поверхности разрушения, что эквивалентно сдвиговому скольжению вдоль поверхности разрушения.

张性断裂(tensile fracture) 垂直最大应力方向并平行于压缩方向而发生的断裂。岩石垂直于破裂面而张开,破裂面往往与最小应力方向垂直。

Разрушение при растяжении. Это разрушение, возникающее в направлении, перпендикулярном к максимальному напряжению, и в направлении, параллельному сжатию. Трещины в горных породах раскрываются перпендикулярно к плоскости разрушения, которая обычно перпендикулярна направлению минимального напряжения.

岩石压缩系数(rock compressibility) 等温条件下,岩石单位孔隙体积随压力的变化率,单位为 MPa^{-1}。

Коэффициент сжимаемости горных пород. Относительная объемная деформация образца пористых пород при изменении давления на единицу в изотермических условиях, единица измерения $МПа^{-1}$.

岩石的均质性/非均质性(rock homogeneity/heterogeneity) 岩石中的所有物质成分、性质、结构及其组合状况都一致时称其具有均质性,不一致时称其具有非均质性。一般岩体体积巨大,内部组成多种多样,因此普遍是非均质性的。

Однородность/неоднородность горных пород. Когда все компоненты, свойства, структуры и сочетания в горных породах согласованы, они считаются однородными; когда все компоненты, свойства, структуры и сочетания в горных породах несогласованы, они считаются неоднородными. Как правило, объем массива горных пород огромный, внутренний состав разнообразный, таким образом, горные породы в целом неоднородные.

岩石的各向异性(rock anisotropy) 岩石的全部或部分物理力学特性随方向不同而表现出一定差异的性质。

Анизотропность горных пород. Изменчивость физических параметров горных пород по направлениям их определения.

岩体的连续性 / 非连续性（rock continuity/discontinuity）　岩体具有接连不断的性质称其具有连续性；但是岩体一般包含有裂缝、层理、断层、溶洞等，这些地质特征具有不同的性质，导致岩体性质的中断，即不连续，这一特征称为岩体的非连续性。

Непрерывность/прерывность массива горных пород.　Когда массив горных пород имеет непрерывный характер, он считается непрерывным; тем не менее, обычно в массиве горных пород можно выделить трещины, наслоения, разрывные нарушения, карстовые пещеры и т. д., которые имеют различные геологические характеристики и приводят к прерыванию свойств массива горных пород, то есть разрывность, эта характеристика называется прерывностью массива горных пород.

岩石的软化性（rock softening properties）岩石与水作用时强度降低的性质。大部分未经风化的结晶岩在水中不易软化，而许多沉积岩石（如黏土岩、泥质砂岩、泥灰岩等）在水中极易软化。

Разуплотнение горных пород.　Свойство, характеризующее снижение прочности при воздействии воды на горные породы. Большинство не подвергшихся выветриванию кристаллических пород нелегко размягчаются в воде, а множество осадочных пород (как глина, глинистый песчаник, мергель и т. д.) легко размягчаются в воде.

岩石强度理论（theory of rock strength）　研究岩石在复杂应力状态下屈服和破坏规律的理论，一般包括岩石的屈服准则、破坏准则、疲劳准则和蠕变条件等。

Теория прочности горных пород. Теория, изучающая законы текучести и разрушения горных пород при сложных напряженных состояниях, обычно включают в себя критерии: текучесть, разрушение, усталость, условия ползучести горных пород и т. д.

莫尔－库仑强度准则(Mohr–Coulomb criteria) 岩石力学研究领域比较普遍和常用的准则，简称M–C准则，由莫尔(Mohr)于1900年提出。该准则认为，材料发生剪切破坏的主要原因是某一截面上的切应力达到强度极限值，岩石的抗剪切强度等于岩石的黏聚力与剪切面上正应力产生的摩擦力之和。

Критерий прочности Мора–Кулона. Общепринятый и часто применяемый критерий в области исследований механики горных пород под сокращенным названием критерий M–C, был предложен О. Мором в 1900 году. Критерий полагает, что основной причиной разрушения материала при сдвиге является то, что сдвигающее напряжение, действующее в определенном поперечном сечении, достигает значения предела прочности, а прочность горных пород на сдвиг равна сумме силы сцепления горных пород и силы трения, создаваемой положительным напряжением на плоскости сдвига.

岩石延性(rock ductility) 岩石能承受较大变形而不丧失其承载力的性质。

Пластичность горных пород. Свойство, характеризующее возможность горных пород выдержать большую деформацию и не терять несущей способности.

岩石的膨胀性(rock dilatability) 岩石浸水后体积增大的性质。某些黏土矿物的岩石经过水化作用后体积膨胀，致使岩石产生膨胀。

Набухаемость горных пород. Свойство, характеризующее увеличение объема горных пород после насыщения водой. Некоторые глинистые минералы в горных породах набухают после гидратации, что приводит к увеличению объема горных пород.

岩石的热膨胀性(rock thermal dilatability) 岩石在温度升高时体积膨胀、温度降低时体积收缩的性质。

Термическое расширение горных пород. Свойство, характеризующее увеличение объема горных пород при повышении температуры и уменьшение объема при понижении температуры.

软化系数(rock softening coefficient)　岩石试件的水饱和抗压强度与干抗压强度的比值。

Коэффициент разуплотнения горных пород.　Величина отношения прочности образцов горных пород на сжатие в насыщенном водой состоянии к прочности на сжатие в сухом состоянии.

地应力

Напряжение горных пород

地应力(in–situ stress)　存在于地壳中的应力,即由于岩石形变而引起的地层内部单位面积上的作用力。

Напряжение горных пород.　Состояние породного массива, характеризуемое совокупностью в нем компонентов напряжений и деформаций.

主应力(main stress)　受力物体内某一点的微面积元上剪应力为零时的法向应力。

Главное напряжение.　Нормальное напряжение, полученное при нулевом значении сдвигающего напряжения на элемент микроплощадки в определенной точке напряженного объекта.

三向主应力(three–dimensional principle stresses)　在三维空间中,受力物体内任意一点的应力状态都可以用三个作用方向互相垂直的主应力表示,这三个主应力被称为三向主应力。

Главные напряжения в трех взаимно перпендикулярных направлениях.　В трехмерном пространстве напряженные состояния в любой точке напряженного объекта могут быть представлены главными напряжениями в трех взаимно перпендикулярных направлениях, которые называются тремя главными напряжениями.

最大水平主应力(maximum horizontal stress)　水平方向较大的主应力。

Максимальное горизонтальное главное напряжение.　Большое главное напряжение из двух главных горизонтальных напряжений.

最小水平主应力（minimum horizontal stress） 水平方向较小的主应力。

Минимальное горизонтальное главное напряжение. Относительно малое главное напряжение из двух главных горизонтальных напряжений.

水平两向主应力差（horizontal stress difference） 最大水平主应力与最小水平主应力的差值。

Разность двух горизонтальных главных напряжений. Разница между максимальным и минимальным горизонтальными главными напряжениями.

上覆岩层压力（overburden pressure） 覆盖在地层以上的岩石及其孔隙中流体的总重量在单位面积上所产生的压力。

Литостатическое давление. Всестороннее давление, определяемое весом столба вышележащих горных пород, обусловленное гравитационным полем Земли и численно равное весу вышележащих масс горных пород.

构造应力（tectonic stress） 地质构造作用所产生的应力。

Тектоническое напряжение. Напряжения в породах, возникшие в результате тектонических движений в Земной коре.

有效应力（effective stress） 在载荷作用下，多孔介质骨架所承受的应力。

Эффективное напряжение. Напряжение, которому подвергается каркас пористых сред под действием нагрузки.

热应力（thermal stress） 温度改变时，岩石由于外在约束以及内部颗粒之间的相互约束，使其不能完全自由膨胀，或温度分布不均匀、非均质性导致的不均匀膨胀产生的应力。

Термическое напряжение. Напряжение, вызванное невозможным полным и свободным расширением или неравномерным расширением, к которому приводят неравномерное распределение температуры и неоднородность, из-за внешних ограничений и взаимных ограничений между внутренними частицами горных пород при измерении температуры.

正应力（normal stress） 垂直于截面某一点单位面积的内力，又称法向应力。

Положительное напряжение. Внутренняя сила на единицу площади, перпендикулярная к определенной точке поперечного сечения, также называется нормальным напряжением.

切应力(tangential stress) 平行于截面某一点单位面积的内力，又称剪切应力。

Касательное напряжение. Внутренняя сила на единицу площади, параллельная определенной точке поперечного сечения, также называется сдвигающим напряжением.

周向应力(circumferential stress) 物体沿着圆周切线方向产生的应力，也称环向应力。

Окружное напряжение. Напряжение, создаваемое объектом касательной к окружности, также называется кольцевым напряжением.

地应力方向(in–situ stress direction) 最大水平主应力或最小水平主应力的作用方向。

Направление напряжения горных пород. Направление действия максимального горизонтального главного напряжения или минимального горизонтального главного напряжения.

最小主应力剖面(profile of minimum stress) 最小主应力在地层中随深度变化的曲线。

Профиль минимального главного напряжения. Кривая изменения минимального главного напряжения с глубиной в пласте.

地应力梯度(in–situ stress gradient) 地层地应力与垂直深度的比值。

Градиент напряжения горных пород. Величина отношения стратиграфического напряжения к вертикальной глубине.

地应力差异系数(coefficient of in–situ stress) 两向水平主应力差与最小水平主应力的比值。

Коэффициент вариации напряжения горных пород. Величина отношения разности двух горизонтальных главных напряжений к минимальному горизонтальному главному напряжению.

应力集中(stress concentration) 受力物体在其形状或尺寸突然改变处引起应力在局部范围内增高的现象。

Концентрация напряжений. Явление возникновения повышенных местных напряжений в областях внезапных изменений формы или размера напряженного объекта.

应力松弛(stress relaxation) 在维持恒定变形的岩石中，应力会随时间的增长而减小的现象。

Релаксация напряжений. Явление уменьшения напряжений со временем в горных породах при постоянном значении деформаций.

平面应力状态(state of plane stress) 只在平面内有应力,与该面垂直方向的应力可忽略的状态。

Плоское напряженное состояние. Состояние, отличающееся напряжением на плоскости и пренебрежимым напряжением, перпендикулярным плоскости.

平面应变状态(state of plane strain) 只在平面内有应变,与该面垂直方向的应变可忽略的状态。

Плоское деформированное состояние. Состояние, отличающееся деформацией на плоскости и пренебрежимой деформацией, перпендикулярной плоскости.

储层伤害

Повреждение пласт-коллектора

储层伤害(formation damage) 钻井、完井、生产、增产措施和修井等作业引起储层有效渗透率降低,造成注采井产出或注入能力下降的现象。

Повреждение пласт-коллектора. Явление снижения добычи или закачки добывающих и нагнетательных скважин, к которому приводит снижение эффективной проницаемости пласт-коллектора, вызванное операциями, такими как бурение, заканчивание, эксплуатация, проведение ГТМ, капитальный ремонт и т. д.

伤害诊断(damage diagnosis) 采用各种方法分析引起储层伤害的原因和机理,判断储层伤害类型和程度的过程,又称储层伤害评价。

Диагностика повреждения. Процесс анализа причины и механизма повреждения пласт-коллектора, определения типа и степени повреждения пласт-коллектора с применением различных методов, также называется оценка повреждения пласт-коллектора.

伤害机理(damage mechanism) 产生储层伤害的因素及各因素之间的相关性,通常是指造成储层伤害的原因及伴随该过程发生的物理、化学变化。

Механизм повреждения пласт-коллектора. Факторы, вызывающие повреждение пласт-коллектора, и корреляция между факторами, которые обычно относятся к причинам повреждения пласт-коллектора и физическим, химическим изменениям, сопровождающим повреждение пласт-коллектора.

伤害类型(formation damage type) 以储层伤害机理为依据,划分出的储层伤害分类,通常可分为物理伤害、化学伤害、生物伤害等。

Тип повреждения пласт-коллектора. Класс повреждения пласт-коллектора, разделенный на основе механизма повреждения пласт-коллектора, обычно их можно разделить на физическое, химическое, биологическое повреждение и т. д.

物理伤害(physical damage) 钻井、完井、压裂酸化、修井等作业过程中,井下工具和工作液直接与油气层发生物理变化造成的储层有效渗透率下降的现象,有时生产中地层流体本身性质的变化也会产生物理伤害。

Физическое повреждение. Явление снижения эффективной проницаемости пласт-коллектора, к которому приводят физические изменения, возникающие при непосредственном применении скважинного оборудования, рабочих жидкостей и при бурении нефтегазового пласта, заканчивании скважины, кислотном гидроразрыве пласта, капитальном ремонте скважины и т. д., иногда в процессе эксплуатации изменение свойства пластовой жидкости также может привести к физическому повреждению.

化学伤害(chemical damage) 钻井、完井、压裂酸化、修井等作业过程中,外来流体与储层岩石、流体等发生化学反应造成储层有效渗透率下降的现象。

Химическое повреждение. Явление снижения эффективной проницаемости пласт-коллектора, к которому приводит химическая реакция между технологическими жидкостями и пород-коллекторами, естественными флюидами и т. д.

生物伤害(biological damage) 油气层原有的细菌或者随着外来流体一起进入油气层的细菌快速繁殖导致储层有效渗透率下降的现象。

Биологическое повреждение. Явление снижения эффективной проницаемости пласт-коллектора, к которому приводит быстрое размножение начальных бактерий в нефтегазовом пласте или бактерий, попадающих в нефтегазовый пласт вместе с технологическими жидкостями.

热力伤害(thermal damage) 储层温度变化引起结垢、矿物溶解或转化、润湿性变化等,进而导致储层有效渗透率下降的现象。

Термическое повреждение. Явление снижения эффективной проницаемости пласт–коллектора, к которому приводят накипеобразование, вызванное изменением температуры пласт–коллектора, растворение или трансформация минералов, изменение смачиваемости и т. д.

表皮效应(skin effect) 由于钻井、完井、生产、增产措施和修井等作业,井底附近地层渗透率变差或变好,从而引起附加流动阻力的效应。

Скин–эффект. Эффект дополнительного сопротивления потоку, вызванного ухудшением или улучшением проницаемости призабойного пласта ввиду бурения, заканчивания и эксплуатации скважин или проведения ГТМ, капитального ремонта и т. д.

表皮系数(skin factor) 表示油气水井表皮效应大小的无量纲系数(表皮系数等于0表示井底附近储层没有受到伤害,井是完善的;小于0表示储层得到改善,井是超完善的;大于0表示储层受到伤害,井是不完善的)。

Скин–фактор. Безразмерный коэффициент, характеризующий величину скин–эффекта нефтегазодобывающих и нагнетательных скважин (когда скин–фактор равен 0, это означает, что пласт–коллектор в призабойной зоне пласта не был поврежден, скважина совершенна; когда скин–фактор меньше 0, это означает, что пласт–коллектор был улучшен, скважина совершенна с высшим качеством; когда скин–фактор больше 0, это означает, что пласт–коллектор был поврежден, скважина несовершенна)

拟表皮系数(pseudo skin factor) 与储层伤害无关的其他各种因素,比如泄油面积形状、非达西效应、井斜以及流度变化等导致偏离理想渗流所产生的表皮系数。

Псевдоскин–фактор. Скин–фактор, определяемый различными факторами, которые не имеют отношения к повреждению пласт–коллектора и приводят к отклонению от идеальной фильтрации, например форма площади дренажа, эффект движения жидкости, не подчиняющегося закону Дарси, кривизна скважины и изменения текучести.

储层敏感性(reservoir sensitivity) 储层矿物与不同外来注入流体接触或改变流动条件后发生物理和化学反应,导致油气层有效渗透性显著降低的现象。

Чувствительность пласт–коллектора. Явление значительного снижения эффективной проницаемости нефтегазового пласта, к которому приводит то, что физические и химические реакции происходят после того, как минералы пласт–коллектора вступают в контакт с различными инородными закачиваемыми жидкостями или изменяются условиями движения.

黏土膨胀伤害(clay swelling damage) 黏土在水合作用下吸收大量水分子,导致体积膨胀和散离迁移而堵塞地层,造成储层有效渗透率下降的现象。

Повреждение из–за набухания глины. Явление снижения эффективной проницаемости пласт–коллектора, вызываемого закупориванием пласта по причине объемного расширения и дискретной миграции, к которым приводит то, что глина поглощает большое количество молекул воды под действием гидратации.

垢沉积物(scaling sediment) 油田生产过程中,在储层、井筒以及地面油气集输设备和管线内形成的盐类沉淀。

Солеотложения. Отложения солей, образующиеся в пласт–коллекторах, стволах скважин, наземных сооружениях для сбора и транспортировки нефти и газа и трубопроводах в процессе эксплуатации нефтяных месторождений.

有机沉积物(organic sediment) 压力和温度降低时,石蜡或沥青等析出的产物。

Органические отложения. Выделенные вещества, такие как парафин или асфальт, при снижении давления и температуры.

混合沉积物(mixed sediment) 通常是指垢沉积物和有机沉积物组成的混合物。

Смешанные отложения. Обычно относятся к смеси отложений солей и органических отложений.

乳化堵塞(emulsion plugging) 外来流体与地层中的油相混合形成乳状液,造成储层堵塞的现象。

Закупорка эмульсией. Явление закупорки пласт–коллектора, вызванное эмульсией, образовавшейся смешиванием технологического флюида с нефтью в пласте.

水锁(water lock) 由于外来水相进入储层后造成近井地带局部含水饱和度升高,增加了岩石孔隙中油气与水界面的毛细管阻力,或者产生贾敏效应,使地层中原油的流动比正常生产状态多出一个附加流动阻力的现象。

Водяной замок. Явление существования дополнительного сопротивления потоку для сырой нефти в пласте по сравнению с обычным режимом добычи, вызванного увеличением капиллярного сопротивления границы раздела нефть–газ–вода в порах горных пород или созданием эффекта Жамена, к которым приводит увеличение водонасыщенности в локальной части прискважинной зоны по причине поступления водной фазы технологической жидкости водной фазы в пласт–коллектор.

滤饼(filter cake) 压裂酸化过程中,工作液因滤失沉淀在岩石表面上的沉积物。

Фильтрационная корка. Осадочные отложения на поверхности горных пород из–за фильтрационной потери рабочей жидкости в процессе гидроразрыва пласта или кислотной обработки.

固相颗粒侵入(solid particle intrusion) 在压差作用下,外来固相颗粒在驱替介质携带下从裸露的地层表面、射孔孔眼及裂缝处侵入油气层,甚至堵塞孔隙和裂缝的现象。

Проникновение твердых частиц. Явление проникновения инородных твердых частиц, переносимых вытесняющей средой, в пласты нефти и газа через открытую поверхность пласта, перфорационные отверстия и трещины, а также закупорки пор и трещин под действием перепада давления.

滤液侵入（filtrate intrusion）　在压差作用下，压裂液或酸液中的液相向井壁岩石的孔隙或缝隙中渗透并侵入地层的现象。

Проникновение фильтрата. Явление фильтрации и проникновения жидкой фазы при гидроразрыве пласта или кислотной обработке в поры или трещины в горных породах под действием перепада давления.

润湿性改变（wettability changing）　岩石表面在一定条件下亲水性和亲油性发生变化甚至相互转化的现象。

Изменение смачиваемости. Явление изменения или даже взаимной трансформации гидрофильности и гидрофобности поверхности горных пород при определенных условиях.

酸渣（acid residue）　酸液体系与储层流体不配伍所形成的沉淀物。

Кислый гудрон. Отложения, образовавшиеся в результате несмешиваемости кислотной системы и жидкостью в пласт-коллекторе.

伤害率（damage rate of core）　因水敏、盐敏、酸敏、速敏、碱敏、压敏等伤害因素导致岩心渗透率下降的程度，即储层岩样伤害前后渗透率之差与伤害前渗透率之比。

Степень повреждения керна. Степень снижения проницаемости керна, к которому приводят факторы повреждения, такие как чувствительность к воде, чувствительность к соли, чувствительность к кислоте, чувствительность к скорости, чувствительность к щелочи и чувствительность к давлению, то есть отношение разницы между проницаемостью образца породы-коллектора до и после повреждения и проницаемостью до повреждения.

贾敏效应（Jamin effect）　液体或气液两相渗流中的珠泡（液珠或气泡）通过孔隙喉道或孔隙窄口等时，产生的附加阻力效应。

Эффект Жамена. Эффект дополнительного сопротивления, возникающий во время прохождения пузырей (жидких или воздушных) в жидкости или в фильтрации двухфазной газожидкостной смеси через каналы пор пород и т. д.

流变学

Реология

流变学(rheology) 力学与化学的交叉学科,研究物质(固体、液体、软物质等)在应力、应变、温度、湿度和辐射等条件下与时间因素有关的变形和流动规律的学科。

Реология. Междисциплинарная наука механики и химии, изучающая деформацию и текучести (твердых тел, жидкостей, мягких веществ и т. д.), связанные с факторами времени, при напряжении, деформации, температуре, влажности и радиации.

牛顿流体(Newtonian fluid) 在流动时,任一点上的剪切应力都与剪切速率呈线性函数关系的流体。

Ньютоновская жидкость. Жидкость, в которой сдвигающее напряжение в любой точке линейно коррелирует со скоростью сдвига при ее течении.

非牛顿流体(non-Newtonian fluid) 在流动时,剪切应力与剪切速率呈非线性关系的流体,其流动特性与剪切速率有关。

Неньютоновская жидкость. Жидкость, в которой напряжение сдвига в любой точке нелинейно коррелируют со скоростью сдвига при ее течении, характеристики ее течения зависят от скорости сдвига.

剪切速率(shear rate) 剪切流场中流体层之间的速度梯度,单位为 s^{-1}。

Скорость сдвига. Градиент скорости между слоями жидкости в поле сдвигового потока, выраженный в c^{-1}.

剪切应力(shear stress) 物体由于外因(受力、温度变化等)而变形时,作用在其内部任一截面处相切方向单位面积上的相互作用力。

Напряжение сдвига. Взаимодействующая сила, действующая на единицу площади в направлении касания в любом из его внутренних поперечных сечений при деформации тела по причине внешних факторов (напряжение, изменение температуры и т. д.).

宾汉模型（Bingham–plastic fluid model） 描述具有宾汉流动特性的流体行为模型，即当施加的剪切应力小于屈服值时，流体不流动；超过屈服值以后，剪切应力与剪切速率呈线性关系。

Модель Бингама. Модель поведения жидкости с характеристиками потока Бингама, то есть, когда приложенное напряжение сдвига меньше значения текучести, жидкость не течет; после превышения значения текучести напряжение сдвига имеет линейную зависимость от скорости сдвига.

幂律模型（power law fluid model） 描述具有幂律流动特性的流体行为模型，即流体流动时的剪切应力与剪切速率之间呈幂律关系。

Модель степенного закона. Модель поведения жидкости с характеристиками течения по степенному закону, то есть, напряжение сдвига имеет степенную зависимость от скорости сдвига во время течения жидкости.

稠度系数K'（consistency coefficient K'） 非牛顿流体的剪切应力与剪切速率方程的系数，反映流体的稀稠程度，常用符号 K' 表示，K' 值越大，黏度越高。

Коэффициент консистенции K'. Коэффициент для уравнения напряжения сдвига и скорости сдвига неньютоновской жидкости, который отражает жидкую консистенцию жидкости, обычно выражающийся знаком K'. Чем больше значение K', тем выше вязкость.

流态指数 n'（flow behavior index n'） 对于大多数非牛顿型流体，剪切应力与剪切速率的 n' 次幂成正比，指数 n' 即为流态指数，其表征非牛顿流体与牛顿流体之间的差异程度。当 $n'=1$ 时，即为牛顿流体；当 $0<n'<1$ 时，为假塑性流体；$n'>1$ 时，则为胀塑性流体。

Индекс текучести n'. Для большинства неньютоновских жидкостей напряжение сдвига пропорционально n'–ой степени скорости сдвига, индекс n' является индексом текучести, характеризующим степень отклонения неньютоновской жидкости от ньютоновской жидкости. Если $n'=1$, то это ньютоновская жидкость; если $0<n'<1$, то это псевдопластичная жидкость; если $n'>1$, то это дилатантная жидкость.

表观黏度（apparent viscosity） 在恒定温度时，某一流动状态下，剪切应力与剪切速率之比值，又称视黏度。

Кажущаяся вязкость. Величина отношения напряжения сдвига к скорости сдвига в определенном состоянии текучести при постоянной температуре.

动力黏度（dynamic viscosity） 流体受外力作用流动时，分子间产生的内摩擦力的量度，为单位速度梯度下流体所受的剪应力，又称动态黏度、绝对黏度，单位为 mPa·s。

Динамическая вязкость. Мера силы внутреннего трения, возникающей между молекулами при течении жидкости под действием внешних сил, она является напряжением сдвига жидкости при единичном градиенте скорости, также называется абсолютной вязкостью, выраженная в мПа·с.

运动黏度（kinematic viscosity） 流体在重力作用下流动时内摩擦力的量度，为动力黏度与同温、同压下该流体密度的比值，单位为 m^2/s。

Кинематическая вязкость. Мера силы внутреннего трения жидкости при течении под действием силы тяжести; является величиной отношения динамической вязкости к плотности жидкости при одинаковой температуре и давлении, выражается в $м^2/с$.

黏弹性（viscoelastic behavior） 在应力作用下，物质兼有弹性固体和黏性流体的双重特性。

Вязкоупругое поведение. Поведение, демонстрирующее как упругое поведение, характерное для твердых тел, так и вязкое поведение, характерное для жидкостей под действием напряжения.

储能模量 G'（storage modulus） 物质在发生形变时，由于弹性形变而储存能量的大小，反映材料弹性强弱，又称弹性模量。

Модуль накопления G'. Величина энергии, запасенной в результате упругой деформации тела, отражает упругую прочность материала, также называется модулем упругости.

耗损模量 G''（loss modulus） 物质在发生形变时，由于黏性形变而损耗的能量大小，反映材料黏性强弱，又称黏性模量。

Модуль потерь G''. Величина энергии, теряемой из–за вязкой деформации, отражает величину вязкости материала, также называется модулем вязкости.

流变曲线（rheological curve） 在一定温度、压力下，物质在剪切流动或形变过程中，测试得到的剪切应力与剪切速率的关系曲线。

Реологическая кривая. Кривая зависимости напряжения сдвига от скорости сдвиговой деформации, полученная в результате испытания во время сдвигового течения или деформации материала при определенной температуре и давлении.

第二章 储层改造数值模拟与设计

Часть II. Численное моделирование и дизайн интенсификации притока

水力裂缝数值模拟

Численное моделирование трещин гидроразрыва

水力裂缝（hydraulic fracture） 水力压裂施工在地层中所产生的人工裂缝。

Трещина гидроразрыва пласта. Искусственные трещины, образующиеся в результате гидроразрыва пласта.

裂缝几何尺寸（fracture geometry） 水力裂缝的长度(半径)、宽度和高度值。

Геометрия трещины. Значения длины (радиуса), ширины и высоты трещин гидроразрыва.

二维裂缝扩展模型（2D fracture propagation model） 在模拟人工裂缝时,假设缝高不变的裂缝扩展数学模型。

Двумерная модель распространения трещины. Математическая модель распространения трещины в условиях постоянной высоты трещины при моделировании искусственных трещин.

卡特模型（Carter model） 二维裂缝扩展模型中,假设在裂缝延伸过程中缝宽保持恒定,压裂液从裂缝壁面垂直线性地滤失进入地层,并且裂缝内各点压力均相等,从而求取裂缝长度的模型。

Модель Картера. Двумерная модель распространения трещины, в которой предполагается, что ширина трещины остается постоянной в процессе распространения трещины, жидкость гидроразрыва просачивается из стенки трещины вертикально и линейно в пласт, а давление в каждой точке трещины равно.

拟三维裂缝扩展模型（pseudo-3D fracture propagation model）　在裂缝延伸过程中缝高沿缝长方向是变化的，但裂缝内仍是一维（缝长）流动的模型。

Псевдотрехмерная модель распространения трещины. Модель, на которой показывают изменение высоты трещины по направлению длины трещины и одномерное течение (по направлению длины трещины) внутри трещины в процессе распространения трещины.

全三维裂缝扩展模型（full 3D fracture propagation model）　在裂缝延伸过程中缝高沿缝长方向是变化的，在缝长、缝高方向均有流动（即存在压力降）的模型。

Трехмерная модель распространения трещины. Модель, на которой показывают изменение высоты трещины по направлению длины трещины и течение по направлениям длины трещины, высоты трещины (то есть наличие перепада давления) в процессе распространения трещины.

垂直裂缝（vertical fracture）　裂缝面平行于垂向主应力的裂缝，一般是在最小主应力处于水平方向时形成的。

Вертикальная трещина. Трещина, поверхность которой параллельна вертикальному главному напряжению, обычно образуется в случае, когда минимальное главное напряжение находится в горизонтальном направлении.

水平裂缝（horizontal fracture）　裂缝面平行于水平主应力的裂缝，一般是在最小主应力处于垂直方向时形成的。

Горизонтальная трещина. Трещина, поверхность которой параллельна горизонтальному главному напряжению, обычно образуется в случае, когда минимальное главное напряжение находится в вертикальном направлении.

T 形裂缝（T-fracture）　垂直裂缝扩展过程中，遇到发育的层理，水力裂缝沿着层理面扩展形成的垂直缝和水平缝共存的裂缝状态，包括 T 形或逆 T 形裂缝。

T-образная трещина. Состояние трещины, образующейся распространением трещины гидроразрыва вдоль плоскости слоистости при встрече с развитой слоистостью в процессе распространения вертикальной трещины, в котором сосуществуют вертикальные и горизонтальные трещины, включая T-образную или обратную T-образную трещину.

复杂裂缝(complex fracture) 由大量水力裂缝和(或)被水力压裂激活的天然裂缝组成的网状或分支状结构裂缝系统。

Сложная трещина. Система трещин, имеющая сетчатую или разветвленную структура, состоящая из большого количества трещин гидроразрыва и/или природных трещин, полученных после проведения гидроразрыва пласта.

地质力学模型(geomechanical model) 以地质建模为基础,描述油气田或盆地的应力场和岩石力学特性的数值模型。

Геомеханическая модель. Численная модель, описывающая поле напряжений и механические характеристики горных пород нефтегазового месторождения или бассейна на основе геологического моделирования.

裂缝起裂(fracture initiation) 水力压裂过程中,岩石因所受的周向应力超过抗张强度时开始破裂的过程。通常与储层应力条件、岩性、地层伤害情况等因素有关。

Возникновение трещины. Начало процесса разрушения, возникающее в случае, когда концентрация напряжений превышает прочность на растяжение в процессе гидроразрыва. Как правило, это связано с условиями напряжения пласт-коллектора, литологическими характеристиками, загрязнением пласта и другими факторами.

裂缝延伸(fracture extension) 水力裂缝在地层内扩展的过程。

Расширение трещины. Процесс распространения трещин гидроразрыва в пласте.

裂缝方位(fracture orientation) 垂直于最小主应力的裂缝扩展方向。

Ориентация трещины. Направление распространения трещин, перпендикулярно минимальному главному напряжению.

综合滤失系数(combined filtration coefficient) 压裂液黏度、地层流体压缩性和压裂液造壁性三个因素同时对压裂液滤失起控制作用时得到的滤失系数,又称压裂液滤失系数。

Комплексный коэффициент фильтрации. Коэффициент фильтрации, полученный при одновременном контроле фильтрации жидкости гидроразрыва тремя факторами, такими как вязкость жидкости гидроразрыва, сжимаемость пластовой жидкости и коркообразующее свойство жидкости гидроразрыва, также называется коэффициентом фильтрации жидкости гидроразрыва.

造壁滤失系数（wall building filtration coefficient） 反映压裂液形成的滤饼对滤失影响程度的参数。

Коэффициент фильтрации при коркообразовании. Параметр, отражающий степень влияния фильтрационной корки, образующейся из жидкости гидроразрыва пласта, на фильтрацию.

支撑剂沉降（proppant settling） 支撑剂颗粒由于所受重力大于浮力与阻力，在压裂液中下沉的过程。

Оседание пропанта. Процесс оседания частиц пропанта в жидкость гидроразрыва из-за того, что сила тяжести частиц пропанта больше, чем плавучесть и сопротивление.

支撑剂运移（proppant migration） 支撑剂随压裂液流动的过程。

Миграция пропанта. Процесс, в котором пропант течет вместе с жидкостью гидроразрыва.

动态裂缝长度（dynamic fracture length） 水力压裂施工过程中形成的动态变化的人工裂缝长度。

Длина динамической трещины. Длина динамически изменяющихся искусственных трещин, образующихся в процессе гидроразрыва пласта.

支撑裂缝长度（propped fracture length） 裂缝闭合时有支撑剂支撑的长度。

Длина трещины гидроразрыва, заполненная пропантом. Длина, поддерживаемая пропантом при закрытии трещины.

动态裂缝宽度（dynamic fracture width） 水力压裂施工过程中形成的动态变化的人工裂缝宽度。

Ширина динамической трещины. Ширина динамически изменяющихся искусственных трещин, образующихся в процессе гидроразрыва пласта.

支撑裂缝宽度（propped fracture width） 裂缝闭合时有支撑剂支撑的宽度。

Ширина трещины гидроразрыва, заполненная пропантом. Ширина, поддерживаемая пропантом при закрытии трещины.

动态裂缝高度（dynamic fracture height） 水力压裂施工过程中形成的动态变化的人工裂缝高度。

Высота динамической трещины. Высота динамически изменяющихся искусственных трещин, образующихся в процессе гидроразрыва пласта.

支撑裂缝高度(propped fracture height) 裂缝闭合时有支撑剂支撑的高度。

Высота трещины гидроразрыва, заполненная пропантом. Высота, поддерживаемая пропантом при закрытии трещины.

支撑剂铺置浓度(proppant placement concentration) 单位裂缝面积上的支撑剂质量。

Концентрация осаждения пропанта. Масса пропанта на единицу площади трещины.

裂缝面粗糙度(fracture surface roughness) 裂缝面上存在着的微观几何形状差异程度,常用裂缝面粗糙度系数表征。

Шероховатость поверхности трещины. Степень разницы в микроскопической геометрической форме, существующей на поверхности трещины, обычно характеризуется коэффициентом шероховатости поверхности трещины.

净压力(net pressure) 水力裂缝内流体流动压力与裂缝闭合压力的差值。

Чистое давление. Разница между давлением потока жидкости в трещине гидроразрыва и давлением закрытия трещины.

应力阴影(stress shadow) 水力裂缝内的液压会在垂直于裂缝面方向上产生诱导压应力现象。使得裂缝周边一定区域内的应力值增加,影响裂缝宽度、形态、延伸方向及起裂压力。

Тень напряжения. Гидравлическое давление в трещине гидроразрыва создает индуцированное давление при сжатии в направлении перпендикулярному поверхности трещины, позволяющее увеличить значение напряжения в определенной области вокруг трещины, что влияет на ширину, морфологию, направление распространения и давление, при котором возникает трещина.

应力干扰(stress interference) 由于应力阴影效应,多裂缝之间相互干扰引起的诱导应力改变了原有应力场,并对裂缝扩展产生影响,使裂缝形态发生变化甚至导致裂缝转向的现象。

Интерференция напряжения. Явление изменения морфологии трещины и изменения направления трещины, к которому приводит изменение начального поля напряжений и влияние на распространение трещины под воздействием индуцированного напряжения, вызванного взаимодействием между многочисленными трещинами из–за эффекта тени напряжений.

压裂冲击（frac hits）　在进行压裂作业时，目标压裂井与周围邻井可能会因压裂液的注入而产生压力骤升或支撑剂流入现象。

Интерференция во время гидроразрыва пласта.　Явление внезапного повышения давления, вызванного закачкой жидкости гидроразрыва, или поступления пропанта в целевой скважине для гидроразрыва пласта и окружающей скважине при гидроразрыве пласта.

裂缝导流能力（fracture conductivity）　裂缝允许流体通过的能力，数值上等于裂缝渗透率与裂缝宽度的乘积。

Проводимость трещины.　Способность трещины пропускать жидкость с значением, равным произведению проницаемости трещины на ширину трещины.

无量纲导流能力（dimensionless conductivity）　裂缝导流能力与储层渗透率和支撑缝半长乘积的比值。

Безразмерная проводимость.　Величина отношения проводимости трещины к произведению проницаемости коллектора на половину длины трещины гидроразрыва, заполненной пропантом.

酸蚀裂缝导流能力（acid-etched fracture conductivity）　酸化压裂作业形成的裂缝允许流体通过的能力，等于酸蚀裂缝的渗透率与宽度的乘积。

Проводимость трещины при кислотной обработке.　Способность трещин, образующихся в результате кислотного гидроразрыва пласта, пропускать жидкость, равна произведению проницаемости и ширины трещины при кислотной обработке.

储层改造体积（stimulated reservoir volume, SRV）　压裂改造的油藏体积，一般通过微地震监测获得，基于裂缝网络形成的空间包络体，结合微地震事件的空间密度，估算被改造的油藏体积。

Стимулированный объем пласт-коллектора.　Представляет собой разветвленную сеть трещиноватости, которая позволяет дренировать значительную часть пласт-коллектора. Оценить интенсивность образования сети трещин можно с помощью проведения микросейсмического мониторинга после гидроразрыва пласта.

人工裂缝穿透比（artificial fracture penetration ratio） 裂缝的半缝长与注采井距之半的比值。

Коэффициент проникновения искусственной трещины. Величина отношения половины длины трещины к половине расстояния между нагнетательными и добывающими скважинами.

真三轴岩石裂缝扩展物理模拟（physical simulation of fracture propagation under true triaxial loading） 模拟岩石在地层中的三向应力状态和压裂施工过程，测定岩石发生变形、裂缝起裂和延伸过程的物理模拟方法。实验过程中，通过多种监测方法，确定水力裂缝的几何尺寸和方位等参数。

Истинное трехосное физическое моделирование распространения трещины в горных породах. Метод физического моделирования для моделирования трехстороннего напряженного состояния горных пород в пласте и процесса гидроразрыва пласта, а также определения деформации горных пород, процессов возникновения и распространения трещин. В процессе испытания, используются различные методы мониторинга, определяют параметры, такие как геометрия и ориентация трещин гидроразрыва.

油气藏数值模拟

Численное моделирование залежи

油气藏数值模拟（reservoir numerical simulation） 用适当的数学模型，通过数值计算方法模拟研究各种开采条件下油气藏动态变化规律的过程。通过结合油藏地质学、油藏工程学重现油气田开发的实际过程，为最经济、最有效开发油气藏提供科学的决策依据。

Численное моделирование залежи. Процесс моделирования и изучения закономерности динамических изменений параметров нефтяных и газовых залежей при различных условиях разработки с использованием подходящей математической модели и метода численного вычисления. Это реальный процесс воспроизведения разработки нефтяных и газовых месторождений в сочетании с геологией и инженерией залежей, что обеспечивает научную основу для принятия решений для наиболее экономичной и эффективной разработки нефтяных и газовых залежей.

构造模型（structural model）　表征构造圈闭形态，断层性质特征，并建立目的层三维空间形态分布及变化的模型。

Структурная модель. Модель, характеризующая морфологию структурных ловушек и свойства разломов, которая создает трехмерное пространственное распределение и изменение морфологии целевых пластов.

属性模型（property model）　通过钻井资料及储层反演结果建立的各小层的储层物性模型。

Модель свойств. Модель физических свойств пласт–коллектора, созданная на основе данных бурения и результатов инверсии пласт–коллектора.

黑油模型（black oil model）　将烃类系统简单分为油、气两个组分的油气藏模拟数学模型。

Модель нелетучей нефти. Математическая модель моделирования залежи, которая разделяет углеводородную систему на два компонента: нефть и газ.

组分模型（compositional model）　将烃类（非烃类）混合体系划分为若干个拟组分的油气藏模拟数学模型。

Композиционная модель. Математическая модель моделирования залежи, которая разделяет углеводородную (неуглеводородную) смешанную систему на несколько квазикомпонентов.

流线法（streamline method）　把实际油藏中的三维问题通过传播时间转化为沿着流线的一维问题进行求解的方法。

Метод линий тока. Это метод решения трехмерной задачи в нефтяной залежи путем преобразования ее в одномерную задачу вдоль линии тока через время распространения.

双重介质模型（dual porosity system model）模拟含有孔隙和裂缝双重介质的油气藏中流体运动的数学模型。

Модель двойной пористости. Математическая модель моделирования движения жидкостей в залежи, состоящая из двух сред (пор и трещин).

双孔双渗模型（dual–porosity and dual–permeability model）　假设岩块中的流体和裂缝交换并通过裂缝渗流，同时岩块间也存在流体渗流的数学模型。

Модель двойной пористости и двойной проницаемости. Математическая модель, на которой предполагается, что флюид в массивах горных пород проникает через трещины, в то же время между массивами горных пород также отсутствует фильтрация флюида.

双孔单渗模型（dual-porosity and single-permeability model） 假设岩块中的流体和裂缝交换并通过裂缝渗流，岩块间无流体渗流的数学模型。

Модель двойной пористости и одинарной проницаемости. Математическая модель, на которой предполагается, что флюид в массивах горных пород проникает через трещины, в то же время между массивами горных пород также отсутствует фильтрация флюида.

结构化网格（structured grid） 经变换可映射到立方体（三维）或正方形（二维）的网格块。如矩形、角点网格块。

Структурированная сетка. Преобразованные блоки сетки, которые могут отображаться на кубические (трехмерные) или квадратные (двухмерные) блоки сетки. Например, прямоугольные и угловые блоки сетки.

非结构化网格（unstructured grid） 经任何变换都不能映射到立方体（三维）或正方形（二维）的网格块。如三角形网格块。

Неструктурированная сетка. Преобразованные блоки сетки, которые не могут отображаться на кубические (трехмерные) или квадратные (двухмерные) блоки сетки. Например, треугольные блоки сетки.

正交网格（orthogonal grid） 几何空间离散化时，网格线之间全部是正交所构成的网格。

Ортогональная сетка. Сетка, состоящая из ортогональных линий сетки при геометрической пространственной дискретизации.

角点网格（corner-point grid） 通过给出每个网格块角点的几何参数来精确表示复杂油藏的几何形状所形成的网格。

Сетка угловой точки. Сетка, образованная путем точного представления геометрической формы сложной залежи по геометрическим параметрам точек углов каждого блока сетки.

PEBI 网格（PEBI grid） 一种非结构化局部正交网格，其任意两个网格块的交界面垂直平分相应网格节点的连线。

Сетка PEBI. Неструктурированная локальная ортогональная сетка, где контактная поверхность любых двух блоков сетки разделяет поровну соединяющую линию соответствующих узлов сетки по вертикали.

局部网格加密（local grid refinement） 在求解大型油藏模拟问题时，仅在油藏中饱和度或压力变化剧烈的区域及重点研究部分使用细网格，其他部位使用粗网格的方法。

Локальное уплотнение сетки. Метод, использующий уплотненную сетку только в зонах, где коэффициент насыщения или давление в залежи резко изменяются, и в ключевых исследуемых частях, укрупненную сетку в других частях при решении проблемы по моделированию крупной залежи.

网格粗化（grid upscaling） 由油藏地质模型到数值模拟模型的网格合并与重构转换的过程。

Укрупнение сетки. Процесс слияния, реконструирования и преобразования сетки при преобразовании геологической модели в цифровую модель моделирования.

嵌入式离散裂缝方法（embedded discrete fracture method，EDFM） 对基岩直接进行结构化网格划分，然后将裂缝嵌入基岩网格系统中，根据裂缝与基岩的相交情况形成裂缝网格的方法。

Метод вложенных дискретных трещин. Метод, образующий сетку трещин, согласно пересечению трещин и матрицы после прямого разделения структурированной сетки матрицы и встраивания трещин в систему сетки матрицы.

吸附（adsorption） 当流体与多孔介质接触时，流体中某一组分或多个组分在固体表面处产生积蓄的现象。

Адсорбция. Явление накопления одного или нескольких компонентов в жидкости на поверхности твердого тела при контакте жидкости с пористой средой.

解吸附（desorption） 是吸附的逆过程，随着压力和温度等条件的变化，或者更强吸附能力流体的替换，使得原本以吸附态赋存的流体脱离固体表面的过程。

Десорбция. Это обратный процесс адсорбции, который характеризуется отделением жидкости, изначально существующей в адсорбционном состоянии, от поверхности твердого тела с изменением давления, температуры и других условий, или с заменой жидкости с более сильной адсорбционной способностью.

等效导流能力处理方法(equivalent conductivity treatment method) 为减少网格数量并保证数值计算的收敛性和稳定性,在保持裂缝导流能力不变的情况下,适当地加大裂缝宽度,等比例减小裂缝渗透率的方法。

Метод эквивалентных проводимостей. Метод соответствующего увеличения ширины трещины и равномерного уменьшения проницаемости трещины при поддерживании постоянной проводимости трещины с целью уменьшения количества сеток, обеспечения сходимости и стабильности численных расчетов.

启动压力梯度(threshold pressure gradient) 流体在低渗透多孔介质中发生渗流的最小压力梯度。

Пороговый градиент давления. Минимальный градиент давления, при котором жидкость проникает в низкопроницаемую пористую среду.

非达西渗流(non-Darcy flow) 流体在多孔介质中流动不遵循达西定律,流速与压力梯度偏离正比关系的渗流方式。

Отклонение течения от закона Дарси. Способ фильтрации при течении жидкости в пористой среде, не подчиняющийся закону Дарси и пропорциональной зависимости между скоростью потока и отклонением от градиента давления.

生产动态历史拟合(production performance history matching) 将初始化的油藏地质模型有关参数调整到符合或相似于油藏系统参数,使得调整后的油藏地质模型计算的生产动态参数与实际油藏的历史生产动态参数相一致的过程。主要参数为压力、产量、气油比、水油比等。

Адаптация истории динамики добычи. Процесс корректировки соответствующих параметров инициализированной геологической модели залежи для соответствия системным параметрам коллектора или сходства с ними таким образом, чтобы динамические параметры добычи, рассчитанные на скорректированной геологической модели залежи, соответствовали фактическим историческим динамическим параметрам добычи залежи. Основные параметры включают давление, производительность, газовый фактор, водонефтяной фактор и т. д.

压后产能预测(post-fracturing productivity prediction) 使用典型曲线拟合和数值分析的方法,根据地层参数和裂缝参数预测压裂后油气井的产能,为压裂优化设计提供依据。

Прогноз продуктивности после гидроразрыва. С использованием методов адаптации типичных кривых и численного анализа, на основе параметров пласта и трещины прогнозируется производительность нефтегазовой скважины после гидроразрыва пласта, что обеспечивает основу для оптимизации проектирования гидроразрыва.

压裂增产倍数（stimulation ratio） 油气井压裂后与压裂前采油（气）指数的比值或产量的比值。

Кратность увеличения добычи гидроразрыва пласта. Величина отношения коэффициента продуктивности нефтегазовой скважины по нефти (по газу) до гидроразрыва к коэффициенту продуктивности нефтегазовой скважины по нефти (по газу) после гидроразрыва или величина отношения добычи нефтегазовой скважины до гидроразрыва к добыче после гидроразрыва.

最终单井采出量（estimated ultimate recovery，EUR） 在现有的经济或技术条件下，根据生产井的产能递减规律分析，估算的单井的累计产量。

Окончательная предельная добыча. Накопленная добыча скважины, которая расчитывается в соответствии с анализом закономерности падения производительности скважины при существующих экономических или технических условиях.

设计与工艺参数

Дизайн и технологические параметры

压裂优化设计（fracturing optimization design） 在给定的油层地质、开发与工程条件下，借助油气藏模型、水力裂缝模型与经济模型计算软件，反复模拟评价不同种支撑缝长与导流能力的裂缝所产生的经济效益，从中选出能实现少投入、多产出的压裂设计的过程。

Дизайн оптимизации гидроразрыва пласта. Процесс проектирования гидроразрыва пласта с меньшими вложениями и большим производством, выбранный после многократного моделирования и оценки экономической эффективности, которую приносят трещины с различными длиной и проводимостью трещины гидроразрыва, заполненной пропантом, с помощью программного обеспечения для расчета модели нефтегазовой залежи, модели трещин гидроразрыва и экономической модели в определенных геологических, разработанных и инженерных условиях нефтеносного пласта.

压裂地质设计（fracturing geological design） 依据油藏地质条件和储层改造目标，为压裂工艺选择和参数优化提供必要地质要求的设计。

Геологический дизайн гидроразрыва пласта. Проект, предусматривающий необходимые геологические требования для выбора процесса гидроразрыва пласта и оптимизации параметров в соответствии с геологическими условиями нефтяной залежи, и с целью интенсификации притока методом гидроразрыва пласта.

压裂工艺设计（fracturing technical design） 依据压裂地质设计，在一定的储层条件和井筒条件下，确定压裂工具、材料、施工工艺、泵注参数等的优化方案。

Технологический дизайн гидроразрыва пласта. Оптимальный метод определения инструментов, материалов, технологий гидроразрыва пласта и параметров закачивания при определенных условиях пласт–коллектора и ствола скважины в соответствии с геологическим проектом гидроразрыва пласта.

压裂施工设计（fracturing treatment design） 依据压裂施工井的压裂地质设计及工艺设计，确定压裂施工设备、人员、材料、组织方式、施工程序及 QHSE 要求等，具体指导施工所进行的一系列的工作。

Дизайн проведения гидроразрыва пласта. Серия работ по определению оборудования для гидроразрыва пласта, персонала, материалов, методов организации, рабочей процедуры, требований QHSE и т. д., выполняемых для проведения гидроразрыва пласта, в соответствии с геологическим проектом и технологическим проектом гидроразрыва пласта по скважинам.

地质工程一体化压裂设计（fracturing design with the integration of geology and engineering） 将压裂工程设计与油藏地质模型相互结合和动态优化的过程，最大限度地发挥储层改造的增产和稳产潜力。

Инженерно–геологический дизайн гидроразрыва пласта. Процесс взаимосочетания и динамической оптимизации дизайна гидроразрыва пласта и геологической моделью залежи для максимизирования потенциала увеличения и стабилизации добычи при интенсификации притока методом гидроразрыва пласта.

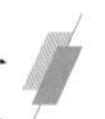

压前地质评估(pre-fracturing formation evaluation) 压裂设计前对储层的基本特征评估,包括有效渗透率、天然裂缝、岩石力学参数、地应力场、水力裂缝的垂向延伸遮挡层与地层滤失性质等研究。	Оценка характеристик пласт-коллектора до проведения гидроразрыва пласта. Оценка основных характеристик пласт-коллектора перед проектированием гидроразрыва пласта, включая эффективную проницаемость, естественные трещины, параметры механики горных пород, поле напряжений в пласте, мощность породы-покрышки, фильтрационные свойства и т. д.
储层品质(reservoir quality) 综合反映矿物储层孔隙结构和渗流特征的性能指标。	Качество пласт-коллектора. Параметр, который отражает поровую структуру и фильтрационные характеристики минерального пласт-коллектора
工程甜点(engineering sweet spot) 有利于水力裂缝起裂和延伸的区域。	Наиболее перспективная зона для проведения гидроразрыва пласта. Потенциальная зона, в которой наилучшим образом будет происходить возникновение и распространение трещин при проведении гидроразрыва пласта.
完井品质(completion quality, CQ) 综合反映开发井完井质量的参数。	Качество заканчивания скважины. Параметр, который отражает качество заканчивания эксплуатационной скважины.
完井方式(completion method) 油气井井筒与油气层的连通方式,以及为实现特定连通方式所采用的井身结构、井口装置和有关的技术措施。	Способ заканчивания скважины. Способ сообщения ствола нефтегазовой скважины с нефтегазовым пластом, а также конструкции скважины, устьевое оборудование и соответствующие технические меры, применяемые для достижения конкретного способа сообщения.

水平井钻遇率（reservoir penetration ratio of a horizontal well） 在水平井钻井过程中，水平段中钻遇的有效油层段的比例。

Эффективная проходка при бурении горизонтальной скважины. Доля нефтенасыщенных интервалов при бурении горизонтальной скважины.

水平段长度（horizontal interval length） 着陆点到井底沿井眼轨迹的测量距离。

Длина горизонтального интервала. Измеренное расстояние от места посадки до забоя скважины по траектории ствола скважины.

段间距（stage spacing） 在水平井压裂中，通常指桥塞分段压裂两个桥塞之间的距离。

Расстояние между интервалами. Расстояние между двумя мостовыми пробками, используемыми при многостадийном гидроразрыве пласта в горизонтальной скважине.

簇（cluster） 在同一压裂层段中分若干小段射孔，每一小段称为一簇。相邻两个射孔簇之间的距离为簇间距，总段数为簇数。

Кластер. В интервале проведения гидроразрыва пласта выделены несколько секций для перфорации, каждая из которых называется кластером. Расстояние между двумя соседними кластерами является расстоянием между кластерами, общее количество секций называется количеством кластеров.

限流射孔（limited entry perforation） 为了实现油气井一次压裂多层 / 多簇，合理分配压裂液进入各射孔段流量，控制射孔孔眼数量和尺寸的射孔方式。

Перфорация с ограниченным доступом для гидроразрыва пласта. Способ перфорации, позволяющий рационально распределить объем жидкости для гидроразрыва пласта в каждый интервал перфорации, и контролировать количество и размер перфорированных отверстий с целью реализации гидроразрыва пластов/кластеров в нефтегазовых скважинах.

施工参数（fracturing treatment parameter） 指储层压裂改造施工中的压力、排量和液量等各项数据。

Параметр гидроразрыва пласта. Данные, обычно включающие давление, производительность, объем жидкости при воздействии на пласт методом гидроразрыва пласт–коллектора.

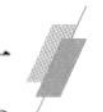

泵注排量(pumping rate) 单位时间内压裂泵组排出口的流体体积。

Производительность насоса. Объем жидкости на выходе блока насосов для гидроразрыва пласта за единицу времени.

前置液(pad fluid) 压裂开始时用于提高井底压力,使地层破裂并形成具有一定宽度和长度裂缝所用的液体。

Буферная жидкость. Жидкость, используемая для повышения забойного давления в начале гидроразрыва пласта, следующего разрушения пласта и образования трещин с определенной шириной и длиной.

携砂液(slurry) 水力压裂过程中,用于输送支撑剂的液体。

Жидкость–песконоситель. Жидкость, используемая для транспортировки пропанта в процессе гидроразрыва пласта.

顶替液(displacement fluid) 在增产措施过程中,用于将主体工作液替入地层的液体。

Продавочная жидкость. Жидкость, используемая для замены основной рабочей жидкости в пласт в процессе интенсификации притока.

加砂浓度(sand concentration) 单位体积携砂液中含有的支撑剂质量。

Концентрация пропанта в жидкости гидроразрыва. Масса пропанта, содержащегося в единице объема жидкости–песконосителе.

加砂强度(sand intensity) 单位长度压裂井段加入的支撑剂质量。

Интенсивность добавления пропанта. Масса пропанта, добавленного в единицу длины интервала гидроразрыва пласта.

前置酸(pre–flush acid) 酸化施工中,注入主体酸之前,用于清洗或处理井筒附近地层的酸性液体。

Подушка для кислотной обработки. Кислотный раствор, используемый для очистки или обработки призабойной зоны пласта перед добавлением основной кислоты в процессе кислотной обработки.

主体酸(main acid) 酸化酸压工艺中,用于处理储层中主要反应矿物及外来堵塞物的针对性酸液体系。

Рабочая кислота. Целевая кислотная система, используемая для очистки пласт–коллекторов от основных реакционных минералов и посторонних примесей в процессе кислотной обработки и кислотного гидроразрыва пласта.

后置酸(overflush acid) 在主体酸后,用以保持地层低 pH 值环境,防止二次沉淀的酸液。

Кислота для поддерживания низкого значения pH после кислотной обработки. Кислотный раствор, используемый для поддержания низкого значения pH и предотвращения вторичного осаждения после добавления основной кислоты.

酸液浓度(acid concentration) 单位质量液体中含有酸的质量,常用百分比表示。

Концентрация кислотного раствора. Масса кислоты, содержащейся в жидкости на единицу массы, обычно выражается в процентах.

用酸强度(acid intensity) 单位长度处理井段注入的酸液体积。

Интенсивность закачки кислотного раствора. Объем кислотного раствора, закачиваемого в единицу длины интервала.

酸蚀蚓孔(acid-etched wormhole) 酸化或酸压改造过程中,酸液溶蚀孔隙或天然裂缝形成的类似蚯蚓的孔洞。

Канал разъедания при кислотной обработке. Каверны и поры, образовавшиеся в результате растворения пор кислотной жидкостью или естественных трещин в процессе интенсификации притока методом кислотной обработки или гидроразрыва пласта.

酸蚀裂缝(acid-etched fracture) 酸压改造过程中,酸液非均匀溶蚀裂缝壁面而形成的具有一定导流能力的不整合通道。

Трещина, полученная при кислотной обработке. Каналы с определенной проводимостью, образовавшиеся в результате неравномерного растворения стенки трещины кислотной жидкостью в процессе интенсификации притока методом кислотной обработки.

酸蚀裂缝长度(length of acid-etched fracture) 酸压改造过程中,酸液由活性酸变为残酸之前所流经裂缝的距离。

Длина трещины после кислотной обработки. Расстояние, на которое кислотная жидкость течет через трещину до того, как она превращается из активной кислоты в остаточную кислоту в процессе интенсификации притока методом кислотной обработки.

酸蚀裂缝宽度（width of acid–etched fracture）

酸压作业结束后，在地层中形成酸蚀裂缝的宽度。

Ширина трещины после кислотной обработки. Ширина трещины, образовавшейся в результате кислотной обработки в пласте после завершения операции кислотной обработки.

第三章　储层改造工艺

Часть III. Технологии интенсификации притока

水力压裂工艺

Технологии гидроразрыва пласта

储层改造（reservoir stimulation）　为了提高油气井产量或注水井的注水量而对储层采取的一系列工程技术措施的总称，主要包括水力压裂、酸化压裂和基质酸化。

Интенсификация притока пласт-коллектора.　Это общее название инженерно-технических мероприятий, применяемых на пласт-коллекторах с целью увеличения добычи нефтегазодобывающих скважин или увеличения закачки воды в водонагнетательные скважины, которые включают в себя гидравлический разрыв пласта, кислотный гидроразрыв пласта и кислотную обработку матрицы.

水力压裂（hydraulic fracturing）　通过压裂设备向目的层高压注入压裂液使地层破裂，并加入支撑剂，形成具有一定导流能力的裂缝，使井达到增产 / 增注目的的工艺措施，简称压裂。

Гидравлический разрыв пласта. Это технологическое мероприятие, в котором жидкость гидроразрыва нагнетается в целевой пласт под высоким давлением с помощью оборудования для гидроразрыва пласта, для разрушения пласта, и пропант добавляется для формирования трещин с определенной проводимостью в целях увеличения добычи скважин или увеличения закачки воды в скважину.

笼统压裂(package fracturing) 对拟改造层段不再分层而采取一次性压裂整个层段的压裂工艺。

Гидроразрыв пласта без разделения на интервалы. Технология однократного гидроразрыва пласта без разделения на интервалы.

直井分层压裂(zonal fracturing of vertical wells) 在直井中采用封隔器、桥塞、暂堵剂等机械或化学方法对各目的层段封隔的压裂工艺。

Раздельный гидроразрыв вертикальной скважины. Технология гидроразрыва пласта, использующая механические или химические методы, такие как пакеры, мостовые пробки и агенты временного блокирования, для пакерирования целевых интервалов в вертикальной скважине.

水平井分段压裂(staged fracturing of horizontal wells) 在水平井中,采用封隔器、桥塞、暂堵剂等封隔方式,逐段进行压裂的工艺。

Многостадийный гидроразрыв горизонтальной скважины. Технология гидроразрыва пласта по интервалам в горизонтальной скважине с использованием пакеров, мостовых пробок, агентов временного блокирования и других пакерирующих способов.

体积压裂(volumetric fracturing) 通过大规模水力压裂形成多条水力裂缝或者复杂裂缝,增加裂缝与油藏的接触面积和改造体积的压裂工艺。

Объемный гидроразрыв пласта. Технология гидроразрыва пласта, которая направлена на образование нескольких трещин гидроразрыва или сложных трещин за счет крупномасштабного гидроразрыва для увеличения площади контакта между трещиной и залежью, и стимулированного объема.

缝网压裂(network fracturing) 利用储层中天然裂缝等弱面及水平两向主应力差值与裂缝延伸净压力的关系,产生分支缝和网状裂缝的压裂工艺。

Сеть трещин, образовавшаяся после гидроразрыва пласта. Технология гидроразрыва пласта, которая использует поверхности ослабления в пласт-коллекторе, такие как природные трещины, и зависимость между разностью двух горизонтальных главных напряжений и эффективным давлением распространения трещин для образования трещин с ответвлением и сетчатых трещин.

开发压裂（development fracturing） 通过开发井网与水力裂缝系统组合研究，按裂缝有利方位确定注采井网的形式、井距和排距，使之与裂缝方位、长度、导流能力有机地结合起来，制订全油藏的压裂规划并落实到单井压裂优化设计及实施，最大限度发挥水力压裂作用的压裂方式，其对象是未部署开发井网的油藏。

Гидроразрыв – разработка месторождения. Способ гидроразрыва пласта, который заключается в том, что на основе комплексного изучения сетки эксплуатационных скважин и систем трещин гидроразрыва, в соответствии с благоприятным азимутом трещин определяют тип сетки нагнетательных и добывающих скважин, расстояние между скважинами и расстояние между рядами скважин, чтобы она органично сочеталась с азимутом, длиной и проводимостью трещин, а также разрабатывают план гидроразрыва на всей залежи, содержащий оптимальный дизайн и план реализации гидроразрыва пласта на одной скважине, чтобы максимизировать воздействие гидроразрыва пласта. Объектом данного способа является залежь, в которой не размещена сетка эксплуатационных скважин.

整体压裂（integral fracturing） 将具有一定缝长、导流能力和裂缝延伸方位的水力裂缝置于给定的注采井网之中，利用油藏地质与油藏工程研究成果、数值模拟与压裂技术，从总体上为油藏的压裂工作制订技术原则、规范和实施措施，指导单井的优化压裂设计，并通过方案的实施与评价，全面提高油藏开发效果和经济效益的压裂方式，其对象是已部署开发井网的油藏。

Интегральный гидроразрыв. Способ гидроразрыва пласта, который заключается в том, что размещают трещины гидроразрыва с определенной длиной, проводимостью и азимутом распространения в заданной сетке нагнетательных и добывающих скважин, и используют результаты геологических и технологических исследований залежи, метод численного моделирования и технологии гидроразрыва пласта для формирования технических принципов, правил и мероприятий по реализации гидроразрыва пласта в целом, чтобы руководить оптимальным дизайном гидроразрыва на одной скважине, а также за счет реализации и оценки плана всесторонне улучшают эффективность разработки и экономическую эффективность залежи. Объектом данного способа является залежь, в которой размещена сетка эксплуатационных скважин.

暂堵转向压裂（temporary plugging and diversion fracturing）　包括缝内转向压裂和层间转向压裂。缝内转向压裂是通过压裂液携带暂堵材料进入已压开的裂缝，形成高强度的滤饼，迫使裂缝转向或产生新的裂缝；层间转向压裂是通过压裂液携带暂堵材料封堵已压开裂缝的射孔孔眼，迫使液体转向其他射孔孔眼压开新的裂缝。

Гидроразрыв с отклоняющими трещинами при временном блокировании. Технология включает в себя гидроразрыв с отклонением в трещине и гидроразрыв с отклонением между пластами. При гидроразрыве с отклонением в трещине жидкость гидроразрыва с агентом временного блокирования закачивают в образовавшуюся трещину для формирования высокопрочной фильтрационной корки, чтобы отклонить трещину или образовать новые трещины; при гидроразрыве с отклонением между пластами жидкость гидроразрыва с агентом временного блокирования закачивают для изоляции перфорационных отверстий, в которых образовались трещины, чтобы направить жидкость к другим перфорационным отверстиям для образования новых трещин.

重复压裂（refracturing）　在同井同层重新扩展老缝或压开新缝的两次及以上的压裂。

Повторный гидроразрыв. Гидроразрыв пласта, проводимый в интервале пласта, в котором ранее проводился гидроразрыв пласта, для повторного раскрытия имеющихся трещин или образования новых трещин.

限流法压裂（limited entry fracturing）　依据各层间地应力差异，设计射孔孔眼数量和尺寸，合理调节孔眼摩阻，实现各层均得到改造的压裂工艺。

Гидроразрыв с ограниченным доступом. Технология гидроразрыва пласта, заключающаяся в том, что в соответствии с разностью в напряженном состоянии между пластами проектируют количество и размер перфорационного отверстия, и рационально регулируют сопротивление перфорации для достижения интенсификации притока в каждом пласте.

端部脱砂压裂（tip screen–out fracturing） 合理设计施工参数，使得在达到预定长度时，裂缝端部（周边）形成砂堵，继续泵入携砂液，裂缝长度不再增加，宽度则不断增长，实现大幅度提高裂缝导流能力目的的压裂工艺。

Гидроразрыв с концевым экранированием трещины. Технология гидроразрыва пласта, заключающаяся в том, что рационально проектируют рабочие параметры, чтобы образовать песчаную пробку в конце (на периферии) трещины при достижении ею заданной длины, и продолжают закачивать жидкость–песконоситель, в результате чего длина трещины больше не увеличивается, а ее ширина продолжает увеличиваться, и таким образом получается значительное улучшение проводимости трещины.

立体压裂（3D fracturing） 在同一平台上，针对两套及以上的井网实施的压裂。

Трехмерный гидроразрыв пласта. Гидроразрыв пласта для двух или более скважин на одном кусте.

蓄能压裂（energy storage fracturing） 在压裂前或前置液阶段大规模注入液体，以提高地层能量为目的的压裂工艺。

Гидроразрыв с накоплением энергии. Технология гидроразрыва пласта, при которой жидкость закачивается в больших масштабах перед началом гидроразрыва или на стадии закачки буферной жидкости для увеличения пластовой энергии.

复合压裂（hybrid fracturing） 通常指用两种或两种以上性能有明显差异的压裂液体系实施的水力压裂。

Гибридный гидроразрыв. Под этим термином обычно подразумевается гидроразрыв пласта, осуществляемый с использованием двух или более систем жидкости гидроразрыва с значительно отличающимися рабочими характеристиками.

填砂法压裂（sand backfill fracturing） 用填砂方法将下部已压裂段封隔开，逐层上返的分层压裂工艺。

Гидроразыв с использованием песчаной отсыпки. Технология постадийного гидроразрыва пласта, при котором интервалы стадий изолируются с использованием песчаной отсыпки.

双封单卡压裂（double packer fracturing） 利用双封隔器单卡封隔目的层段，逐一改造多个目的层段的压裂工艺。

Гидроразрыв с двойным пакером и одинарным захватом. Технология гидроразрыва пласта, которая использует двойной пакер и одинарный захват для пакерирования целевых интервалов, чтобы осуществить интенсификацию притока в нескольких целевых интервалах по порядку.

水力喷砂压裂（hydrajet fracturing） 通过水力喷砂射孔，利用水力喷射负压封隔原理，实现分层或分段改造的压裂工艺。

Гидроразрыв с пескоструйной перфорацией. Технология гидроразрыва пласта, которая использует пескоструйную перфорацию и принцип пакерирования гидравлической струей под отрицательным давлением для достижения интенсификации притока по пластам или интервалам.

水平井裸眼分段压裂（open-hole staged fracturing of horizontal wells） 采用裸眼封隔器、滑套及压差式开启滑套等工具，对水平井裸眼井段分段并逐段进行压裂的一种工艺。

Многостадийный гидроразрыв в необсаженном стволе горизонтальной скважины. Технология, которая использует затрубные пакеры, скользящие муфты, открывающиеся при дифференциальном давлении, и другие инструменты для разделения необсаженного ствола горизонтальной скважины и проведения гидроразрыва пласта по интервалам.

投球滑套压裂（ball actuated sleeve fracturing） 通过投球打开预先设置的滑套并坐封球座实现封隔，对目的层进行压裂，实现逐层或逐段改造的压裂工艺。

Гидроразрыв с использованием шаровых муфт. Технология гидроразрыва пласта, которая использует сбрасываемые шары для открытия предварительно установленных муфт и посадки в седло для выполнения пакерирования, чтобы провести гидроразрыв в целевом пласте и осуществить интенсификацию притока по пластам или интервалам.

套管固井滑套压裂（sleeve fracturing of cased well） 通过连续油管、投球等方式将各层固井套管滑套依次打开，对目的层进行压裂，实现逐层或逐段改造的压裂工艺。

Гидроразрыв с помощью скользящих муфт тампонажных обсадных труб. Технология гидроразрыва пласта, когда используют колтюбинг, сбрасываемые шары и другие способы для открытия скользящих муфт тампожных обсадных труб, чтобы провести гидроразрыв в целевом пласте и осуществить интенсификацию притока по пластам или интервалам.

桥塞分段压裂（staged fracturing with plugs） 利用桥塞（包括可钻式和可溶式）封隔和分簇射孔联作的分段多簇压裂工艺。

Многостадийный гидроразрыв с мостовыми пробками. Технология поинтервального кластерного гидроразрыва с помощью мостовых пробок (включая разбуриваемые и растворимые типы) и кластерной перфорации.

连续油管带底封拖动压裂（coiled tubing conveyed fracturing） 通过连续油管拖动底部封隔器和水力喷射工具，实现逐层或逐段改造的压裂工艺。

Гидроразрыв с подошвенным пакером на колтюбинге. Технология гидроразрыва пласта для интенсификации притока по пластам или интервалам, использующая колтюбинг для перемещения подошвенного пакера и гидравлического струйного инструмента.

酸化工艺

Технологии кислотной обработки

酸洗(acid washing) 用酸作为洗井液来清洗井筒,达到清除井筒中的酸溶性沉积物的一种工艺措施,通常用于辅助解卡工具和清洗井筒。

Кислотная промывка. Технологическое мероприятие с использованием кислоты в качестве промывочной жидкости для очистки ствола скважины от кислоторастворимых отложений, которое обычно применяется для ликвидации прихвата инструмента в качестве вспомогательного способа и промывки ствола скважины.

酸浸(acid soak) 用酸液作为工作液浸泡射孔孔眼和储层表面的一种工艺措施,通常用于解除炮眼堵塞物。

Кислотная очистка. Технологическое мероприятие с использованием кислотного раствора в качестве рабочей жидкости для очистки перфорационных отверстий и поверхностей пласт–коллектора, которое обычно применяется для ликвидации закупорки перфорационных отверстий.

酸化(acidizing) 在低于破裂压力条件下,通过泵注设备向目的层注入酸液,利用酸岩反应溶解井底及其近井地带的堵塞物、孔隙中的填充或胶结物、部分岩石基质等,以达到恢复或提高地层渗透率的工艺措施,也称基质酸化、常规酸化。

Кислотная обработка. Технологическое мероприятие, заключающееся в том, что при давлении ниже давления разрыва закачивают в целевой пласт кислотный раствор с помощью насосного оборудования и используют реакцию окисленной породы для растворения закупорки забоя скважины и прискважинной зоны, заполнителя или цемента в порах и трещинах, некоторой матрицы породы и т.д., чтобы восстановить или улучшить проницаемость пласта, также известная, как кислотная обработка матрицы и обычная кислотная обработка.

笼统酸化(package acidizing) 不考虑酸化层段间的物性、伤害类型和程度等差异而采取一次性酸化多层的方式。

Кислотная обработка без разделения на интервалы. Способ однократной кислотной обработки в нескольких пластах без учета разностей в физических свойствах, типах и степенях повреждения между обрабатываемыми интервалами.

均匀酸化(even acidizing) 通过机械或化学方式,将酸液按地层需要的注酸强度注入目的层,以达到整个长井段上不同渗透率和不同伤害程度的储层都可以得到有效改造的技术。

Равномерная кислотная обработка. Технология, которая заключается в том, что механическими или химическими способами закачивают кислотный раствор в целевой пласт в соответствии с требуемой пластом интенсивностью закачки кислоты для достижения эффективной интенсификации притока в пласт–коллекторах с разной проницаемостью и разной степенью повреждения в одном длинном интервале.

分层酸化(zonal acidizing) 在直井或定向井中用封隔器、桥塞、暂堵剂等分隔开各个目的层,逐层进行酸化的工艺。

Раздельная последующая кислотная обработка. Технология кислотной обработки по пластам в вертикальной или наклонно–направленной скважине, использующая пакеры, мостовые пробки и агенты временного блокирования для пакерирования целевых интервалов.

水平井分段酸化(horizontal well staged acidizing) 在水平井中,采用封隔器、桥塞、暂堵剂等封隔方式,逐段进行酸化的工艺。

Многостадийная кислотная обработка в горизонтальной скважине. Технология кислотной обработки по интервалам в горизонтальной скважине с использованием пакеров, мостовых пробок, агентов временного блокирования и других пакерирующих способов.

连续油管拖动酸化(coiled tubing drag acidizing)　通过定点、匀速或变速拖动连续油管注酸,实现储层均匀酸化的一种工艺。

Кислотная обработка с помощью колтюбинга. Технология равномерной кислотной обработки в пласт-коллекторах путем точечного, равномерного или переменного перемещения колтюбинга для закачки кислоты.

暂堵酸化(temporary plugging acidizing)　用工作液将暂堵材料带入井内封堵渗透性较好的层段,迫使酸液进入渗透性较差层段的酸化工艺。

Кислотная обработка с использованием материала для временного блокирования. Технология кислотной обработки, в которой рабочая жидкость с агентом временного блокирования закачивается в скважину для изоляции интервалов с хорошей проницаемостью, так что кислотный раствор направляется к интервалам с плохой проницаемостью.

在线酸化(real time control acidizing)　在注水井注水过程中,按比例向注水流程内加入高效复合酸液,实时监控及调整施工参数的酸化工艺。

Контроль проведения кислотной обработки в режиме реального времени. Технология кислотной обработки, в которой высокоэффективный композитный кислотный раствор пропорционально добавляют в процессе закачки воды в нагнетательные скважины, с контролем и регулировкой рабочих параметров в режиме реального времени.

一步法酸化(one step acidizing)　在砂岩储层酸化过程中,前置酸、主体酸、后置酸都采用同一种酸液体系的酸化工艺。

Однократная кислотная обработка. Технология кислотной обработки, в которой для подушки и кислотной обработки, поддерживания низкого значения pH после кислотной обработки используется одна и та же кислотная система в процессе кислотной обработки песчаных коллекторов.

重复酸化(reacidizing) 在同井同层段进行两次及以上的酸化,恢复和改善地层渗透率。

Повторная кислотная обработка. Кислотная обработка, проводимая в интервале пласта, в котором ранее проводилась кислотная обработка, чтобы восстановить или улучшить проницаемость пласта.

泡沫分流酸化(foam diversion acidizing) 在酸化过程中注入一个或多个泡沫段塞,利用泡沫的分流作用,使酸液转向渗透性较差层段的酸化工艺。

Пенокислотная обработка. Технология кислотной обработки, заключающаяся в том, что в процессе кислотной обработки закачивают одну или несколько оторочек пены, чтобы направить кислотный раствор к пластам с плохой проницаемостью под воздействием отводящего эффекта пены.

酸压工艺

Технологии кислотного гидроразрыва пласта

酸化压裂(acid fracturing) 采用酸液或压裂液,在高于地层破裂压力条件下形成裂缝,通过酸液对裂缝壁面的不均匀溶蚀形成高导流能力裂缝的工艺,简称酸压或酸压裂。

Кислотный гидроразрыв пласта. Технология, которая образует трещины с использованием кислотного раствора или жидкости гидроразрыва при давлении выше давления разрыва пласта и формирует высокопроводимые трещины за счет неравномерного растворения поверхностей стенок трещин кислотным раствором, сокращённое название «КРП».

深度酸压(deep acid fracturing) 采用延缓酸岩反应速度、降低酸液滤失、优化施工工艺参数等措施,增加酸蚀裂缝长度的酸压工艺。

Глубокий кислотный гидроразрыв. Технология кислотного гидроразрыва пласта, направленная на увеличение длины трещин кислотной обработки за счет замедления скорости реакции окисленной породы, уменьшения фильтрационной потери кислотного раствора, оптимизации технологических параметров и других мер.

前置液酸压（pad acid fracturing） 用黏性液体作为前置液压开一定长度的水力裂缝，随后注入酸液形成具有导流能力酸蚀裂缝的酸压工艺。

Кислотный гидроразрыв с использованием буферной жидкости. Технология кислотного гидроразрыва пласта, которая заключается в том, что используют вязкую жидкость в качестве буферной жидкости для образования трещин гидроразрыва с определенной длиной, а затем закачивают кислотный раствор для формирования трещин кислотной обработки с определенной проводимостью.

多级注入酸压（multi-stage injection acid fracturing） 依次交替注入压裂液和酸液，形成较长酸蚀裂缝的酸压工艺。

Кислотный гидроразрыв методом многоступенчатой закачки. Технология кислотного гидроразрыва пласта, заключающаяся в том, что чередующимся образом последовательно закачивают жидкость гидроразрыва и кислотный раствор, чтобы формировать более длинные трещины кислотной обработки.

闭合酸化（closed fracture acidizing） 常规酸压后，待裂缝闭合，在低于地层闭合压力下注入酸液，提高近井地带流动能力的工艺。

Закрытие трещины при помощи кислотной обработки. Технология, заключающаяся в том, что после обычного кислотного гидроразрыва и закрытия трещины, закачивают кислотный раствор при давлении ниже давления закрытия пласта для улучшения текучести прискважинной зоны.

笼统酸压（package acid fracturing） 对拟改造层段不再分层而采取一次性酸压整个层段的酸压工艺。

Кислотный гидроразрыв без разделения на интервалы. Технология однократного кислотного гидроразрыва в стимулируемом интервале без его разделения.

分层酸压(zonal acid fracturing) 利用物理或化学方式,将直井或定向井不同层位或者同一层位不同井段进行分隔,然后逐层改造的酸压工艺。

Кислотный гидроразрыв с разделениями на интервалы. Технология кислотного гидроразрыва пласта, которая использует физические или химические способы для разделения разных горизонтов или разных интервалов в одном горизонте в вертикальной или наклонно–направленной скважине и затем осуществляет интенсификацию притока по пластам.

水平井分段酸压(horizontal well stage acid fracturing) 在水平井中,采用封隔器、桥塞、暂堵剂等封隔方式,逐段进行酸压的工艺。

Многостадийный кислотный гидроразрыв в горизонтальной скважине. Технология кислотного гидроразрыва пласта по интервалам в горизонтальной скважине с использованием пакеров, мостовых пробок, агентов временного блокирования и других пакерирующих способов.

转向酸压(diverting acid fracturing) 包括缝内转向酸压和层间转向酸压。缝内转向酸压是通过工作液携带暂堵材料进入已压开的裂缝,形成高强度的滤饼,迫使裂缝转向或产生新的裂缝;层间转向酸压是通过工作液携带暂堵材料封堵已压开裂缝的射孔孔眼,迫使液体转向压开新的裂缝。

Кислотный гидроразрыв с отклонением трещин. Технология включает в себя кислотный гидроразрыв с отклонением в трещине и кислотный гидроразрыв с отклонением между пластами. При кислотном гидроразрыве пласта с отклонением в трещине жидкость гидроразрыва с агентом временного блокирования закачивают в образовавшуюся трещину для образования высокопрочной фильтрационной корки, чтобы отклонить трещину или образовать новые трещины; при кислотном гидроразрыве пласта с отклонением между пластами жидкость гидроразрыва с агентом временного блокирования закачивают для изоляции перфорационных отверстий, в которых образовались трещины, чтобы отклонить жидкость для образования новых трещин.

连续油管带底封拖动酸压(coiled tubing conveyed acid fracturing)　通过连续油管拖动底部封隔器和水力喷射工具，实现逐层或逐段改造的酸压工艺。

Кислотный гидроразрыв с подошвенным пакером на колтюбинге. Технология кислотного гидроразрыва пласта для интенсификации притока по пластам или интервалам, использующая колтюбинг для перемещения подошвенного пакера и гидравлического струйного инструмента.

重复酸压(acid refracturing)　在同井同层重新扩展老缝或压开新缝的两次及以上的酸压。

Повторный кислотный гидроразрыв. Кислотный гидроразрыв пласта, проводимый в интервале пласта, в котором ранее проводился кислотный гидроразрыв пласта, для повторного раскрытия имеющихся трещин или образования новых трещин.

携砂酸压(acid fracturing with proppant)　用交联酸携带支撑剂进行酸压的工艺。

Кислотно-пропантный гидроразрыв. Технология с использованием сшитой кислоты с пропантом для осуществления кислотного гидроразрыва пласта.

复合加砂酸压(compound acid fracturing with proppant)　在酸压后期用压裂液携带支撑剂进行的酸压和水力压裂相结合的储层改造工艺。

Комбинированный кислотный гидроразрыв с добавлением пропанта. Технология кислотного гидроразрыва пласта в сочетании с гидроразрывом пласта, проводимая с использованием жидкости гидроразрыва и пропанта на поздней стадии кислотного гидроразрыва пласта.

特殊工艺

Специальные технологии

CO_2 前置蓄能压裂(energy storage fracturing with CO_2 in pad)　在前置液的早期阶段泵注液态 CO_2，压裂后基于超临界 CO_2 黏度低、扩散性能强、高压缩性的特点，实现能量补充和驱替油气，提高单井产量的压裂工艺。

Гидроразрыв с использованием жидкого CO_2. Технология гидроразрыва пласта, в которой жидкий CO_2 закачивается на ранней стадии закачки буферной жидкости и после гидроразрыва, основываясь на характеристиках низкой вязкости, высокой диффузионной способности и высокой сжимаемости сверхкритического CO_2, реализуются дополнение энергии, вытеснение нефти и газа и увеличение добычи одной скважины.

泡沫压裂(foam fracturing) 以泡沫压裂液体系作为工作液进行压裂的工艺。

Пенный гидроразрыв. Технология гидроразрыва пласта с использованием пенных систем жидкости гидроразрыва в качестве рабочей жидкости для гидроразрыва.

水力冲击波压裂(hydraulic shock wave fracturing) 用水力冲击波发生器(hydraulic shock wave generator)在目的层产生瞬时高压冲击波压开地层,改善地层的渗透性,实现增产增注的压裂工艺。

Импульсный гидроразрыв. Технология гидроразрыва пласта, которая использует генератор волны гидравлического удара для генерации в целевом пласте мгновенной волны гидравлического удара с высоким давлением, чтобы разрушить пласт, улучшить проницаемость пласта и увеличить добычу/закачку.

高能气体压裂(high energy gas fracturing) 利用火药或火箭推进剂在井筒中快速燃烧产生的大量高温高压气体在产层上压出辐射状多裂缝体系,改善近井地带的渗透性,增加油气井产量和注水井注入量的一项增产措施,也称爆燃压裂。

Гидроразрыв высокоэнергетическими газами. Мероприятие по увеличению добычи, которое использует большое количество газа с высокой температурой и высоким давлением, образующегося при быстром сгорании пороха или ракетного топлива в стволе скважины, для создания радиальной системы трещин в продуктивном пласте, чтобы улучшить проницаемость прискважинной зоны, увеличить добычу нефтегазодобывающих скважин и закачку воды в нагнетательные скважины. Также известен, как детонационный разрыв.

高速通道压裂（highway fracturing） 在加砂过程中，利用脉冲加砂装置依次泵入混有纤维的携砂液及纯压裂液，作为一个段塞加砂脉冲周期，进行反复交替循环加砂的压裂工艺。目的是在裂缝内形成支撑剂团形支撑，主要的流动通道为支撑剂团之间的空隙，可以减少支撑剂用量，提高导流能力。

Гидроразрыв с протяженными трещинами. Технология гидроразрыва пласта, заключающаяся в том, что в процессе добавления пропанта, с помощью импульсной установки для добавления пропанта, последовательно закачивают жидкость-песконоситель, смешанную с волокном, и чистую жидкость гидроразрыва в качестве одного импульсного цикла добавления оторочки пропанта, и на этой основе проводится повторное, чередующееся и циклическое добавление пропанта. Ее цель состоит в том, чтобы образовать пропантные пачки в трещине, и основным каналом потока являются зазоры между пропантными пачками, что позволяет уменьшить расход пропанта и повысить проводимость трещины.

"汉堡包"压裂（hamburger fracturing/IVFC fracturing） 煤层气压裂中，在与煤层毗邻的或介于两套煤层间的砂岩或粉砂岩等层射孔并压裂，充分利用砂岩压裂裂缝的易扩展性，使裂缝延伸更远并在垂向上延伸到相邻煤层内。解决煤岩压裂裂缝扩展难的问题，并可一次压裂开采两套煤层。

Гидроразрыв непрямыми вертикальными трещинами. При гидроразрыве пласта для добычи метана из угольных пластов перфорация и гидроразрыв осуществляются в песчаниках или алевролитах, прилегающих к угольным пластам или заложенных между двумя угольными пластами, в полной мере используя хорошую расширяемость трещин гидроразрыва в песчанике, так что трещины расширяются дальше и проходят вертикально в прилегающие угольные пласты. Это решает проблему, заключающуюся в том, что трудно расширить трещины гидроразрыва в угольном пласте, и позволяет однократно эксплуатировать два угольных пласта гидроразрывом.

无水压裂（anhydrous fracturing） 以非水基介质作为工作液，通过特殊的密闭装备进行压裂的一种工艺技术。可以消除常规水基压裂液带来的水敏、水锁等伤害，又克服了残渣、残胶堵塞孔喉、裂缝的现象，以此达到增能、增产目的。

Гидроразрыв на неводной основе. Технология, в которой используется среда на неводной основе в качестве рабочей жидкости и осуществляется гидроразрыв пласта с помощью специального герметичного оборудования. Она позволяет устранить водочувствительность, водяной замок и другие повреждения, вызванные обычными жидкостями гидроразрыва на водной основе, и преодолеть явление засорения пор и трещин твердыми остатками и остаточным гелем, за счет чего реализуется увеличение энергии и добычи.

CO_2 干法压裂（carbon dioxide fracturing） 以液态 CO_2 和其他添加剂作为压裂工作液，将支撑剂与液态 CO_2 压裂液在专用密闭混砂装置内进行混合，然后用压裂泵车注入井筒进行压裂的工艺。

Газодинамический разрыв пласта (ГДРП) с использованием CO_2. Технология, в которой используется жидкий CO_2 с добавками в качестве рабочей жидкости гидроразрыва, которая смешивается с пропантом в специальной закрытой пескосмесительной установке, а затем с помощью насосной установки для гидроразрыва пласта закачивается в ствол скважины для проведения гидроразрыва.

LPG 压裂（LPG fracturing） 以液化石油气和其他添加剂作为压裂工作液，将支撑剂与液化石油气压裂液在专用密闭混砂装置内进行混合，然后用压裂泵车注入井筒进行压裂的工艺。压裂作业时除常规设备外，还需要 LPG 压裂液储运、泵注及控制等特殊设备。

Гидроразрыв на основе СУГ. Технология, в которой используется сжиженный нефтяной газ (СУГ) с добавками в качестве рабочей жидкости гидроразрыва, которая смешивается с пропантом в специальной закрытой пескосмесительной установке, а затем с помощью насосной установки для гидроразрыва пласта закачивается в ствол скважины для проведения гидроразрыва. Кроме обычного оборудования, при гидроразрыве необходимо также специальное оборудование, такое как оборудование для хранения и транспортировки, перекачки и управления жидкостью гидроразрыва на основе СУГ.

柔性侧钻小井眼压裂(slim hole fracturing through flexible sidetracking)　通过柔性钻具在原井眼井筒开窗侧钻，在储层钻进一定的距离，并在侧钻小井眼中实施压裂改造的一种工艺。一般用于对剩余油的挖潜。

Гидроразрыв в боковых стволах малого диаметра.　Технология, в которой используется гибкий бурильный инструмент для бокового бурения в предыдущем стволе скважины с определенной проходкой в пласт-коллекторе и осуществляется интенсификация притока методом гидроразрыва пласта в боковых стволах малого диаметра. Метод обычно применяется для освоения потенциальной остаточной нефти.

复相酸酸压(液相+固相酸液酸压)(multiphase acid fracturing)　在高于破裂压力下，先通过压裂液或者常规酸液压开地层、形成人工裂缝，后续注入一定比例的常规酸和固体酸颗粒或粉末，然后在低排量下向储层注入常规酸和常规顶替液的酸压工艺。

Многофазный кислотный гидроразрыв (с совместным применением кислот в виде жидкой и твердой фаз).　Технология кислотного гидроразрыва пласта, которая заключается в том, что при давлении выше давления разрыва прежде всего используют жидкость гидроразрыва или обычный кислотный раствор для разрушения пласта и образования искусственных трещин, а затем в определенной пропорции закачивают обычную кислоту и твердые частицы или порошки кислоты; после этого закачивают в пласт-коллектор обычную кислоту и обычную продавочную жидкость при низком расходе.

压裂充填(gravel packing)　一种结合水力压裂和井筒砾石充填的工艺。既要在地层压开裂缝并充填支撑剂(一般是通过端部脱砂形成短而宽的裂缝)，又要在井底进行管内砾石充填，建立有效的防砂屏障，达到增产和防砂的目的。

Гидроразрыв с гравийной засыпкой. Технология гидроразрыва пласта в сочетании с гравийной засыпкой в стволе скважины, которая не только заключается в образовании трещин в пласте с заполнением пропантом (обычно это образование коротких и широких трещин путем концевого экранирования трещины), но и в установке гравийного фильтра на забое скважины для создания эффективного противопесочного экрана, чтобы достичь целей увеличения добычи и пескоборьбы.

压裂防砂（screen out fracturing） 一种依靠压裂达到防砂和压裂改造双重作用的工艺技术，通过端部脱砂压裂形成短而宽的高导流裂缝，进一步尾追覆膜支撑剂或固结剂，在缝口形成固结的支撑裂缝，防止支撑剂返吐，从而形成有效的防砂屏障。

Гидроразрыв с целью снижения пескопроявления. Технология, которая основана на гидроразрыве пласта для достижения двойных функций пескоборьбы и интенсификации притока. Она образует короткую и широкую трещину с высокой проводимостью путем гидроразрыва пласта с концевым экранированием трещины и после этого закачивает пропант с полимерным покрытием или закрепляющий агент для образования закрепленной трещины в устье трещины, чтобы предотвратить обратный выброс пропанта и, тем самым, формировать эффективный противопесочный экран.

驱油压裂（oil displacement fracturing） 压裂施工结束，在闷井过程中，具有驱油能力的压裂液破胶液与地层油气实现渗吸置换，达到提高采收率的目的。

Гидроразрыв с вытеснением нефти. После окончания гидроразрыва пласта, в процессе паропропитки скважины, жидкость гидроразрыва после разрушения геля обладает нефтевытесняющей способностью и замещает пластовые нефть и газ путем пропитки с целью повышения нефтеотдачи.

第四章 储层改造施工材料

Часть IV. Материалы для осуществления интенсификации притока методом гидроразрыва пласта

压裂液

Жидкость гидроразрыва

压裂液(fracturing fluid) 压裂过程中使用的具有造缝、携砂能力的工作液。

Жидкость гидроразрыва. Рабочая жидкость с трещинообразующей и песконесущей способностью, используемая в процессе гидроразрыва пласта.

水基压裂液(water–based fracturing fluid) 以水为溶剂或分散介质,与各种添加剂配制的压裂液。

Жидкость гидроразрыва на водной основе. Жидкость гидроразрыва, полученная из воды в качестве растворителя или дисперсионной среды и различных добавок.

油基压裂液(oil–based fracturing fluid) 以油作为溶剂或分散介质的压裂液。

Жидкость гидроразрыва на нефтяной основе. Жидкость гидроразрыва с использованием нефти в качестве растворителя или дисперсионной среды.

乳化压裂液(emulsion fracturing fluid) 以油或水为分散介质,水或油为分散相,添加乳化剂、稳定剂等,在搅拌条件下形成的油水两相稳定的压裂液,包括:油包水、水包油、多重乳化等类型。

Эмульсионная жидкость гидроразрыва. Водонефтяная двухфазная стабильная жидкость гидроразрыва, полученная из нефти или воды в качестве дисперсионной среды, воды или нефти в качестве дисперсной фазы и добавок, таких как эмульгаторы и стабилизаторы, в условиях перемешивания и включающая в себя следующие типы: тип «вода в нефти», тип «нефть в воде» и тип множественной эмульсии.

CO_2 泡沫压裂液（carbon dioxide foam fracturing fluid） 以水或其他溶剂作分散介质，CO_2 作分散相，与起泡剂、稳泡剂等添加剂在搅拌或剪切流动条件下配制成的气液两相泡沫稳定体系。

Пенная жидкость гидроразрыва на основе CO_2. Газожидкостная двухфазная система стабилизации пены, полученная из воды или других растворителей в качестве дисперсионной среды, углекислого газа в качестве дисперсной фазы и добавок, таких как пенообразователи и стабилизаторы пенообразования, в условиях перемешивания или сдвигового течения.

N_2 泡沫压裂液（nitrogen foam fracturing fluid） 以水或其他溶剂作分散介质，N_2 作分散相，与起泡剂、稳泡剂等添加剂在搅拌或剪切流动条件下配制成的气液两相泡沫稳定体系。

Пенная жидкость гидроразрыва на основе N_2. Газожидкостная двухфазная система стабилизации пены, полученная из воды или других растворителей в качестве дисперсионной среды, азота в качестве дисперсной фазы и добавок, таких как пенообразователи и стабилизаторы пенообразования, в условиях перемешивания или сдвигового течения.

VES 黏弹性压裂液（viscoelastic surfactant based fracturing fluids） 以水为分散介质，添加极性长碳链表面活性剂等添加剂，在反相离子作用下，形成具有蠕虫状胶束结构的黏弹性液体。

Жидкость гидроразрыва на основе вязкоупругого ПАВ. Вязкоупругая жидкость с червеобразной мицеллярной структурой, образованная из воды в качестве дисперсионной среды и добавок, таких как полярные поверхностно-активные вещества с длинной углеродной цепью, под действием инвертирующих ионов.

醇基压裂液（alcohol-based fracturing fluid） 以醇作溶剂或分散介质，添加稠化剂、破胶剂等添加剂形成的压裂液。

Жидкость гидроразрыва на спиртовой основе. Жидкость гидроразрыва, полученная с использованием спирта в качестве растворителя или дисперсионной среды и добавок, таких как загуститель и разрушитель геля.

滑溜水压裂液（slick water fracturing fluid）以水为溶剂，添加一定量降阻剂和其他添加剂（黏土稳定剂等）配制而成的低摩阻压裂液。

Жидкость гидроразрыва на основе реагента, снижающего поверхностное натяжение. Жидкость гидроразрыва с низким сопротивлением трению, приготовленная с использованием воды в качестве растворителя и определенного количества присадки для снижения сопротивления и других добавок (таких как стабилизаторы глины и т.д.).

低黏滑溜水（low viscosity slick water）液体黏度低于 10mPa·s 的滑溜水压裂液。

Жидкость на основе реагента, снижающего поверхностное натяжение с низкой вязкостью. Жидкость гидроразрыва на основе реагента, снижающего поверхностное натяжение, с вязкостью ниже 10 мПа·с.

高黏滑溜水（high viscosity slick water）液体黏度大于 20mPa·s 的滑溜水压裂液。

Жидкость на основе реагента, снижающего поверхностное натяжение с высокой вязкостью. Жидкость гидроразрыва на основе реагента, снижающего поверхностное натяжение, с вязкостью более 20 мПа·с.

水基交联压裂液（water based cross-linked fracturing fluid）用交联剂将溶于水中的线性结构稠化剂分子连接成网状结构与线性结构共存的冻胶压裂液。

Сшитая жидкость гидроразрыва на водной основе. Желеобразная жидкость гидроразрыва, полученная с использованием сшивающего агента для соединения молекул загустителя с линейной структурой, растворенных в воде, в сетчатую структуру.

水基线性胶压裂液（water-based linear gel fracturing fluid）不加交联剂的水基压裂液。

Линейный гель на водной основе. Жидкость гидроразрыва на водной основе без сшивающего агента.

加重压裂液（weighted fracturing fluid）加入加重剂以提高液体密度的压裂液，加重剂一般以无机盐为主。

Утяжеленная жидкость гидроразрыва. Жидкость гидроразрыва, в которой добавлен утяжелитель для увеличения плотности жидкости. В качестве утяжелителей обычно используются неорганические соли.

压裂液添加剂（additive of fracturing fluid） 为改进压裂液稠化、耐温、破胶、伤害等性能而添加的化学添加剂，包括稠化剂、交联剂、破胶剂、黏土稳定剂、表面活性剂等。

Добавки для жидкостей гидроразрыва. Химические добавки, добавляемые для улучшения загущения, термостойкости, разрушения геля, повреждения и других свойств жидкости гидроразрыва, которые включают в себя загустители, сшивающие агенты, разрушители геля, стабилизаторы глины, поверхностно–активные вещества и т.д.

水基稠化剂（thickener of water–based system） 用于增加水基压裂液基液黏度的化学添加剂，也称水基压裂液稠化剂，包括天然植物胶、合成聚合物、纤维素和生物胶等。

Загуститель жидкости гидроразрыва на водной основе. Химическая добавка, используемая для повышения вязкости основной жидкости для жидкостей гидроразрыва на водной основе, к которой относятся природные растительные смолы, синтетические полимеры, целлюлоза и биологические смолы.

瓜尔胶（guar gum） 由天然瓜尔豆的胚乳经粉碎加工等工艺制得的粉状颗粒，具有显著的水溶增黏和可交联特性的植物胶。

Гуаровая камедь. Порошкообразные частицы, полученные из эндосперма семян природного гуара путем измельчения и переработки и представляющие собой растительный клей со значительной способностью к увеличению вязкости при растворении в воде и свойствами сшивания.

改性瓜尔胶（modified guar gum） 通过化学反应或作用，改变瓜尔胶分子结构，改善其理化特性的瓜尔胶衍生物。

Модифицированная гуаровая камедь. Производное гуаровой камеди, полученное в результате изменения молекулярной структуры гуаровой камеди и улучшения ее физико–химических характеристик за счет химических реакций или воздействий.

羟丙基瓜尔胶（hydroxypropyl guar gum，HPG） 用羟丙基官能团取代瓜尔胶支链上部分羟基的改性瓜尔胶。

Гидроксипропилгуаровая камедь. Модифицированная гуаровая камедь, которая заменяет часть гидроксильной группы в разветвленной цепи гуаровой камеди на гидроксипропиловую функциональную группу.

羧甲基羟丙基瓜尔胶(CMHPG)(carboxymethyl hydroxypropyl guar gum) 用羧甲基和羟丙基官能团取代瓜尔胶支链上部分羟基的改性瓜尔胶。

Карбоксиметил–гидрокиспропилгуаровая камедь. Модифицированная гуаровая камедь, которая заменяет часть гидроксильных групп в разветвленной цепи гуаровой камеди на гидроксиметильные и гидроксипропиловые функциональные группы.

香豆胶(fenugreek gum) 由天然香豆子(胡芦巴)的胚乳经粉碎加工等工艺制得的粉状颗粒,具有显著的水溶增黏和可交联特性的植物胶。

Камедь пажитника. Порошкообразные частицы, полученные из эндосперма семян природного пажитника путем измельчения и переработки и представляющие собой растительный клей со значительной способностью к увеличению вязкости при растворении в воде и свойствами сшивания.

合成聚合物稠化剂(synthetic polymer thickener) 由丙烯酰胺、丙烯酸等单体,通过聚合反应,合成的由许多重复单元以共价键相连结形成的具有长链分子结构的高分子稠化剂。

Синтетический полимерный загуститель. Полимерный загуститель с длинной молекулярной структурой, синтезированный в результате полимеризации мономеров, таких как акриламид и акриловая кислота, образованный множеством повторяющихся звеньев, соединенных ковалентными связями.

阴离子型聚合物(anionic polymer) 能在水溶液中电离生成阴离子的聚合物。

Анионный полимер. Полимер, который может ионизироваться в водном растворе с образованием анионов.

阳离子型聚合物(cationic polymer) 能在水溶液中电离生成阳离子的聚合物。

Катионный полимер. Полимер, который может ионизироваться в водном растворе с образованием катионов.

两性离子聚合物(zwitterionic polymer) 在高分子长链结构的重复单元上同时含有阴离子、阳离子基团的聚合物。

Цвиттер–ионный полимер. Полимер, который содержит как анионные, так и катионные группы в повторяющемся звене длинноцепочечной структуры высокополимера.

改性纤维素(modified cellulose) 通过化学反应或作用,改变纤维素分子结构,提升理化特性的纤维素衍生物。

Модифицированная целлюлоза. Производное целлюлозы, полученное в результате изменения молекулярной структуры целлюлозы и улучшения физико-химических характеристик за счет химических реакций или воздействий.

油基稠化剂(thickener of oil-based system) 用于增加油基压裂液基液黏度的化学添加剂,也称油基压裂液稠化剂,如磷酸酯等。

Загуститель жидкости гидроразрыва на нефтяной основе. Химическая добавка, используемая для повышения вязкости основной жидкости для жидкостей гидроразрыва на нефтяной основе, такая как фосфат.

表面活性剂(surfactant) 能显著降低液体表面张力或油水两相间界面张力的物质,也称界面活性剂,是压裂液起泡剂、助排剂、驱油剂和乳化剂等添加剂的重要组分。

Поверхностно-активное вещество. Вещество, которое позволяет значительно снизить поверхностное натяжение жидкостей или межфазное натяжение на границе раздела нефти и воды, представляет собой важный компонент добавок для жидкости гидроразрыва, таких как пенообразователи, добавки для очистки жидкости, вытесняющие агенты и эмульгаторы.

黏弹性表面活性剂(viscoelastic surfactant) 在水中能形成独特蠕虫状胶束而使水溶液具有黏弹性的阳离子表面活性剂。

Вязкоупругое поверхностно-активное вещество. Катионное поверхностно-активное вещество, которое способно образовывать в воде уникальную червеобразную мицеллу и придавать водному раствору вязкоупругость.

双子表面活性剂(gemini surfactant) 分子结构中具有两个亲水基团、两条疏水链和一个联接基团的表面活性剂,具有较低的临界胶束浓度、较高的表面活性、高效降低水的表面张力和油水界面张力以及良好的水溶性等特点。

Димерное поверхностно-активное вещество. Поверхностно-активное вещество с двумя гидрофильными группами, двумя гидрофобными цепями и одной связующей группой в молекулярной структуре, которое обладает низкой критической концентрацией мицелл, высокой поверхностной активностью, способностью эффективно снижать поверхностное натяжение воды и межфазное натяжение на границе раздела нефти и воды, а также хорошей водорастворимостью.

降阻剂(friction reducer) 由高分子聚合物和烃溶剂等组成,用于降低液体流动阻力的化学剂,也称流动改进剂或减阻剂,包含反相乳液、悬浮液和固体颗粒等3种类型。

Присадка для снижения гидравлического сопротивления. Химический агент, состоящий из высокомолекулярных полимеров, углеводородных растворителей и др., используемый для снижения сопротивления течению жидкостей, который включает в себя три вида: инвертирующие эмульсии, суспензии и твердые частицы.

交联剂(crosslinking agent) 能将聚合物的线型结构转换成体型结构的化学剂。

Сшивающий агент. Химический агент, который может преобразовать линейную структуру полимера в объемную структуру.

无机硼交联剂(inorganic boron crosslinker) 在水基压裂液中使用以硼酸、硼酸盐等作为交联物质的化学剂。

Сшивающий агент с неорганическим бором. Химический агент, который используется в жидкости гидроразрыва на водной основе с использованием борной кислоты и бората в качестве сшивающего вещества.

有机硼交联剂（organic boron crosslinker） 硼酸、硼酸盐与有机配位体在化学助剂作用下形成的用于交联的有机络合物。

Сшивающий агент с органическим бором. Органический комплекс для сшивания, образующийся из борной кислоты, бората и органических лигандов под действием химических добавок.

有机钛交联剂（organic titanium crosslinker） 含钛化合物与有机配位体在化学助剂作用下形成的用于交联的有机络合物。

Сшивающий агент с органическим титаном. Органический комплекс для сшивания, образованный титансодержащими соединениями и органическими лигандами под действием химических добавок.

有机锆交联剂（organic zirconium crosslinker） 含锆化合物与有机配位体在化学助剂作用下形成的用于交联的有机络合物。

Сшивающий агент с органическим цирконием. Органический комплекс для сшивания, образованный соединениями циркония и органическими лигандами под действием химических добавок.

铝类交联剂（aluminum crosslinker） 可与聚合物发生交联作用的含铝化合物。

Алюминиевый сшивающий агент. Комплекс для сшивания, образованный алюминийсодержащими соединениями.

pH 值调节剂（pH regulator） 调节和控制压裂液酸碱度的化学剂。

Регулятор pH. Химический агент для регулирования значения pH жидкости гидроразрыва.

破胶剂（breaker） 使压裂液在一定时间内破胶降黏的化学剂。

Разрушитель геля. Химический агент, который разрушает гель и снижает вязкость жидкости гидроразрыва в течение определенного периода времени.

胶囊破胶剂（capsule breaker） 用囊衣材料包裹的可实现压裂液延迟破胶的破胶剂。

Разрушитель геля в капсулах. Разрушитель геля, завернутый в капсулах и способный замедлять разрушение геля жидкости гидроразрыва.

酶破胶剂（enzyme breaker） 多功能酶主导的生物破胶剂。

Ферментный разрушитель геля. Биологический разрушитель геля на основе многофункциональных ферментов.

黏土稳定剂(clay stabilizer) 能抑制黏土膨胀和黏土微粒运移的化学剂。	Стабилизатор глины. Химический агент, который позволяет замедлить набухание глины и миграцию глинистых частиц.
温度稳定剂(temperature stabilizer) 能提高压裂液热稳定性的化学剂。	Температурный стабилизатор. Химический агент, который может улучшить термическую стабильность жидкости гидроразрыва.
杀菌剂(bactericide) 具有杀菌功能的化学剂。	Бактерицид. Химический агент с бактерицидной функцией.
降滤失剂(filtrate reducer) 降低压裂液滤失量的化学剂,又称降失水剂。	Понизитель фильтрации. Химический агент, который уменьшает фильтрационные потери жидкости гидроразрыва.
助排剂(cleanup additive) 能帮助工作残液从地层返排的化学剂。	Добавка для очистки жидкости. Химический агент, который может способствовать дренажу остаточной рабочей жидкости из пласта.
乳化剂(emulsifier) 能促进稳定乳状液形成的化学剂,主要为表面活性剂。	Эмульгатор. Химический агент, способствующий образованию стабильной эмульсии, в качестве которого в основном используются поверхностно–активные вещества.
破乳剂(demulsifer) 破坏油水乳状液稳定性的化学剂。	Деэмульгатор. Химический агент, который разрушает стабильность водонефтяной эмульсии.
起泡剂(foaming agent) 能促进泡沫形成的化学剂,主要为表面活性剂。	Вспенивающий агент. Химический агент, способствующий пенообразованию, в качестве которого в основном используются поверхностно–активные вещества.
稳泡剂(foam stabilizer) 能延长和稳定泡沫性能的化学剂。	Стабилизатор пены. Химический агент, который может продлить и стабилизировать рабочие характеристики пены.

消泡剂(defoamer) 能消除泡沫的化学剂。

Пеногаситель. Химический агент, который может устранить пену.

阻垢剂(scale inhibitor) 能防止或延缓水中产生或沉积垢的化学剂。

Ингибитор отложений. Химический агент, который может предотвратить или замедлить образование или отложение накипи в воде.

相对渗透率改进剂(relative permeability improver, RPM) 能改变油藏相对渗透率特性的化学剂。

Присадка для улучшения относительной проницаемости. Химический агент, который позволяет увеличить характеристики относительной проницаемости залежи.

纳米乳液(nano-emulsion) 由水、油、表面活性剂和助表面活性剂等自发形成的纳米级均相分散体系,又称微乳液。

Наноэмульсия. Наноразмерная однородная дисперсионная система, образующаяся самопроизвольно из воды, нефти, поверхностно-активных веществ и сопутствующих поверхностно-активных веществ, также известна как микроэмульсия.

压裂驱油剂(fracturing oil displacement agent) 能提高压裂液驱油效率的化学剂。

Вытесняющий агент для жидкости гидроразрыва. Химический агент, который позволяет повысить эффективность вытеснения нефти жидкостью гидроразрыва.

多效添加剂(multipurpose additive) 在压裂液或酸液中,能同时改善两种以上性能的化学剂。

Многофункциональная присадка. Химический агент для жидкости гидроразрыва или кислотного раствора, который позволяет улучшить более двух рабочих характеристик одновременно.

稠化剂水不溶物(water-insoluble substance of thickener) 稠化剂中不溶于水的物质。

Нерастворимое в воде вещество в загустителе. Вещество в загустителе, которое не растворяется в воде.

压裂液交联时间（fracturing fluid crosslinking time）　压裂液中加入交联剂至形成冻胶所需的时间。

Время сшивания жидкости гидроразрыва.　Время, необходимое для образования геля после добавления сшивающего агента в жидкость гидроразрыва.

压裂液耐温耐剪切曲线（temperature and shearing resistance curve of fracturing fluid）　压裂液在一定温度和剪切速率下，表观黏度随时间的变化曲线。

Кривая изменения кажущейся вязкости жидкости гидроразрыва от температуры и скорости сдвига.　Кривая изменения кажущейся вязкости жидкости гидроразрыва со временем при определенной температуре и скорости сдвига.

单颗粒支撑剂沉降速率（settling rate of single proppant particle）　在压裂液中，单个颗粒支撑剂单位时间内下沉的距离。

Скорость оседания одной частицы пропанта.　Расстояние, на которое оседает одна частица пропанта в единицу времени в жидкости гидроразрыва.

摩阻系数（coefficient of friction resistance）　反映管道内流体在不同流态下各参数（流速、流体黏度、管内径等）与水力摩阻损失关系的无量纲数，也称水力摩阻系数。

Коэффициент трения.　Безразмерное число, отражающее зависимость между параметрами жидкости в трубопроводе (скорость потока, вязкость жидкости, внутренний диаметр трубы и т.д.) и потерей гидравлического сопротивления при различных режимах течения, также известное как коэффициент гидравлического сопротивления.

降阻率（friction reduction rate）　与清水比较，压裂液在管路内的摩擦阻力降低的比率。

Скорость уменьшения гидравлического сопротивления.　Коэффициент снижения сопротивления трению жидкости гидроразрыва в трубопроводе по сравнению с чистой водой.

破胶时间（breaking time）　凝/冻胶等体系的网状结构被破坏，体系黏度大幅度降低所用的时间。

Время разрушения геля.　Время, необходимое для значительного снижения вязкости системы при разрушении сетчатой структуры геля и других систем.

破胶液黏度(breaked gel viscosity) 压裂液破胶后的液体黏度。

Вязкость жидкости гидроразрыва после разрушения геля. Вязкость жидкости гидроразрыва после разрушения геля.

残渣含量(fracturing fluid residue content) 压裂液破胶后,残存的不溶物质的含量。

Состав остатка жидкости гидроразрыва. Содержание остаточных нерастворимых веществ после разрушения геля жидкости гидроразрыва.

表面张力(surface tension) 液体表面层由于分子引力不均衡而产生的沿表面作用于任一界线上的张力。

Поверхностное натяжение. Натяжение поверхностного слоя жидкости, созданное из-за неравномерности молекулярной массы и действующее на любую границу вдоль поверхности.

界面张力(interfacial tension, IFT) 当两种不相混的液体接触时,界面上分子由于受力不平衡而引起的力,也是垂直界面边缘平行界面的收缩力。

Межфазное натяжение на поверхности раздела. Сила, вызванная неуравновешенным напряженным состоянием молекул на границе раздела, когда две несовместимые жидкости вступают в контакт, также представляющая собой сокращаемость параллельной границы раздела на краю вертикальной границы раздела.

接触角(contact angle) 在固、液、气三相交界处,液体/气体界面与所接触的固体表面形成的夹角。

Угол смачивания. Угол между границей раздела жидкости/газа и соприкасающейся твердой поверхностью, образованный на пересечении твердого тела, жидкости и газа.

滤失量(fracturing fluid filtration loss) 一定时间内压裂液通过多孔介质所滤出的量。

Фильтрационная потеря жидкости гидроразрыва. Фильтрационная потеря жидкости гидроразрыва через пористую среду в течение определенного периода времени.

初滤失量(spurt loss) 滤饼形成前的滤失量。

Мгновенная водоотдача. Фильтрационная потеря до образования фильтрационной корки.

渗透率伤害率(permeability damage rate) 表征储层渗透率降低程度的参数,是指原始渗透率与储层伤害后渗透率的差值与原始渗透率的比值。

Скорость уменьшения проницаемости. Параметр, характеризующий степень снижения проницаемости пласт-коллектора, под которым подразумевается отношение разницы между первоначальной проницаемостью и проницаемостью пласт-коллектора после повреждения к первоначальной проницаемости.

液体配伍性(compatibility of fracturing fluid) 是描述压裂酸化工作液体系中各成分间或体系与环境之间匹配关系的定性指标,如果出现絮凝、分层、沉淀、产生新产物等影响液体性能或不利于油气渗滤的物理及化学变化,被称为“不配伍”,否则,认为是“配伍”。

Совместимость жидкости гидроразрыва. Это качественный показатель, описывающий соответствие между компонентами системы рабочей жидкости гидроразрыва пласта и кислотной обработки или между системой и окружающей средой. Если имеет место флокуляция, расслаивание, осадки, образование новых продуктов и другие физические и химические изменения, которые влияют на рабочие характеристики жидкости или не приносят пользы фильтрации нефти и газа, жидкость считается “несовместимой”, в противном случае она считается “совместимой”.

渗吸置换(imbibition displacement) 润湿相流体(水相)在毛细管力作用下被吸入较小的孔隙喉道,驱替非润湿相流体(油相)从大孔道析出,完成水相与油相置换的过程。

Пропитка и перемещение. Процесс, в котором смачивающая жидкость (водная фаза) всасывается в горловину меньшей поры под действием капиллярной силы, а несмачивающая жидкость (нефтяная фаза) вытесняется из макропористого канала, и так выполняется замещение нефтяной фазы водной фазой.

暂堵剂(temporary plugging agent) 储层改造作业过程中,暂时堵塞流体通道引起压力上升和流体转向的材料,也称转向剂或暂堵转向剂。

Агент временного блокирования (затыкания). Материал для временного блокирования канала потока жидкости для повышения давления и отклонения жидкости в процессе интенсификации притока, также известный как агент отклонения или агент временного блокирования с отклонением

可溶性固体暂堵剂(soluble plugging agent) 储层改造作业后,可通过工作液和地层流体溶解解除堵塞的固态暂堵剂,包括球类、颗粒类、粉末类、纤维类等。

Растворимый твердый агент временного блокирования. Твердый агент временного блокирования, который может быть растворен в рабочей жидкости и пластовой жидкости для ликвидации закупорки после выполнения работы по интенсификации притока, включая шары, частицы, порошки, волокна и т.д.

可降解固体暂堵剂(degradable solid temporary plugging agent) 储层改造作业后,可降解为 CO_2 和水的固态暂堵剂。

Разлагаемый твердый агент временного блокирования. Твердый агент временного блокирования, который может быть разложен на CO_2 и воду после выполнения работы по интенсификации притока.

封堵强度(plugging strength) 在暂堵实验中,暂堵剂封堵失效时的最小压力。

Прочность блокирования. Минимальное давление при прекращении действия агента временного блокирования в испытании на временное блокирование.

有效封堵时间(effective plugging time) 在一定条件下封堵孔眼、裂缝后,暂堵剂持续承受一定封堵压力的时间。

Время эффективного блокирования. Время, в течение которого агент временного блокирования продолжает выдерживать определенное блокирующее давление после блокирования перфорационных отверстий и трещин при определенных условиях.

酸液

Кислотный раствор

盐酸体系（hydrochloric acid system）　盐酸与其他化学助剂按照一定比例混合成的酸液体系。

Соляно-кислотная система.　Кислотная система, состоящая из соляной кислоты и других химических добавок, смешанных в определенной пропорции.

土酸体系（mud acid system）　氢氟酸与盐酸及其他化学助剂按照一定比例混合成的酸液体系。

Глинокислотная система.　Кислотная система, состоящая из плавиковой кислоты, соляной кислоты и других химических добавок, смешанных в определенной пропорции.

无机酸（inorganic acid）　反应中能提供质子的无机化合物酸类的总称，由氢和非金属元素组成，又称矿酸，如盐酸、氢氟酸、硫酸、硝酸、硅酸等。

Неорганическая кислота.　Общее название кислот неорганических соединений, способных выделять протоны в реакции, которые состоят из водорода и неметаллических элементов. Также известна как минеральная кислота, и к ней относятся соляная кислота, плавиковая кислота, серная кислота, азотная кислота, силикат и т.д.

有机酸（organic acid）　反应中能提供质子的有机化合物酸类的总称，如羧酸（R—COOH）、磺酸（R—SO_3H）、亚磺酸（R—SOOH）、硫羧酸（R—SH）等。

Органическая кислота.　Общее название кислот органических соединений, которые позволяют выделять протоны в реакции, такие как дикарбоновая кислота (R—COOH), сульфоновая кислота (R—SO_3H), сульфиновая кислота (R—SOOH) и тиокарбоновая кислота (R—SH).

无机酸体系（inorganic acid system）　无机酸与其他化学助剂按照一定比例配成的酸液体系。

Неорганическая кислотная система. Кислотная система, состоящая из неорганической кислоты и других химических добавок, смешанных в определенной пропорции.

有机酸体系(organic acid system) 有机酸与其他化学助剂按照一定比例配成的酸液体系。

Органическая кислотная система. Кислотная система, состоящая из органической кислоты и других химических добавок, смешанных в определенной пропорции.

有机土酸(organic mud acid) 土酸和有机酸及其他化学助剂按照一定比例配成的酸液体系。

Кислотно-органическая система на основе глины. Кислотная система, состоящая из глинокислоты, органической кислоты и других химических добавок, смешанных в определенной пропорции.

缓速酸(retarded acid) 为延缓酸与地层的反应速度,增加酸的有效作用距离而配制的酸液体系,如泡沫酸、稠化酸等。

Кислота с замедлителем. Кислотная система, разработанная для замедления скорости реакции кислота-порода и увеличения полезной дальности действия кислоты, такая как пенокислота, загущенная кислота и т.д.

稠化酸(gelled acid) 由酸和高分子稠化剂及其他化学助剂按照一定比例配成具有一定黏度的酸液体系,又称胶凝酸。

Загущенная кислота. Кислотная система с определенной вязкостью, состоящая из кислоты, полимерного загустителя и других химических добавок в определенной пропорции, также известная как желатиновая кислота.

降阻酸(resistance-reducing acid) 加有降阻剂,可以降低酸液在管道中流动阻力的酸液体系。

Кислота заторможенного сопротивления/кислота пониженной вязкости. Кислотная система с добавлением присадки для снижения гидравлического сопротивления, которая может уменьшить сопротивление потоку кислотного раствора в трубопроводе.

转向酸(diverting acid)　加入转向颗粒、转向纤维等材料,或利用酸液黏度增加,在地层条件下能够实现酸液分流转向的酸液体系。

Отклоняющая кислотная система. Кислотная система с добавлением отклоняющих частиц, отклоняющих волокон и других материалов, или с помощью увеличения вязкости кислотного раствора, которая позволяет отводить и отклонять поток кислотного раствора в пластовых условиях.

自转向酸(self-diverting acid)　利用地层温度和矿化度等反应环境条件的变化,促使残酸黏度增加实现自动转向的酸液体系。

Самоотклоняющаяся кислотная система. Кислотная система, которая использует изменения в реакционной среде, такие как изменения пластовой температуры и минерализации, для увеличения вязкости остаточной кислоты и достижения автоматического отклонения.

交联酸(cross-linked acid)　由稠化剂、交联剂及其他化学助剂按照一定比例形成冻胶的酸液体系。

Сшитая кислотная система. Желеобразная кислотная система, состоящая из загустителя, сшивающего агента и других химических добавок в определенной пропорции.

变黏酸(variable-viscosity acid)　酸液进入储层后,酸液黏度可以随着 pH 值和温度等参数变化而发生变化的酸液体系。

Кислотная система с переменной вязкостью. Кислотная система, вязкость которой позволяет изменяться с значением pH, температуры и других параметров после того, как поступить в пласт.

表面活性酸(surface active acid)　加有两性或阳离子型表面活性物质,在地层条件下黏度能够增加的酸液。

Поверхностно-активная кислота. Кислотный раствор с добавлением амфотерных или катионных поверхностно-активных веществ, вязкость которого способна увеличиваться в пластовых условиях.

自生酸(self–generating acid) 在地层条件下,某些特殊化合物可以释放 H^+,自发生成能够与地层发生反应的有机酸或无机酸。

Самогенерирующая кислота. В пластовых условиях некоторые особые соединения могут выделять ионы H^+ и самопроизвольно генерировать органические или неорганические кислоты, которые способны вступать в реакцию с породой.

自生王水(self–generating aqua regia) 将硝酸粉末和盐酸按照质量比 1∶3 注入地层,形成王水。可以溶解储层难溶矿物,提高渗流通道。

Азотно–соляная кислота. В пласт закачивают порошок азотной кислоты и соляную кислоту по отношению масс на уровне 1∶3 для образования азотно–соляной кислоты, которая растворяет труднорастворимые минералы в пласт–коллекторе и улучшает фильтрационный канал.

多元酸(polyacid) 通常指在水溶液中能够电离成 3 个及以上水合氢离子的酸,如磷酸、多元羧酸等。

Многоосновная кислота. Под ней обычно подразумевается кислота, которая может быть ионизирована на три и более гидратированных иона водорода в водном растворе, такая как фосфорная кислота, поликарбоновая кислота и т.д.

多氢酸(multi–hydrogen acid) 由氟盐和膦酸酯复合物混配可以自动生成氢氟酸和膦酸盐的酸液体系。

Мультиводородная кислота. Кислотная система, в которой смешивается фтористоводородная соль и фосфонатный комплекс, позволяет получить плавиковую кислоту и фосфонат.

固体酸(solid acid) 遇水溶解后,在催化剂的作用下水解形成相应的无机酸或有机羧酸的固体化合物,又称酸前体。

Твердая кислота. Твердое соединение, которое растворяется в воде и гидролизуется под действием катализатора с образованием соответствующей неорганической кислоты или органической дикарбоновой кислоты, также известное как кислота–прекурсор.

乳化酸(emulsified acid) 以酸为分散介质,油为分散相,添加乳化剂、稳定剂等,在搅拌条件下形成的油水两相稳定的酸液体系,通常为油包水型。

Кислотная эмульсия. Водонефтяная двухфазная стабильная кислотная система, полученная из кислоты в качестве дисперсионной среды, нефти в качестве дисперсной фазы и добавок, таких как эмульгаторы и стабилизаторы, в условиях перемешивания.

微乳酸(micro-emulsified acid) 由酸、油、醇和表面活性剂配制而成的透明或半透明的在热力学上稳定的乳化酸体系,乳滴的粒径通常为纳米级。

Кислотная микроэмульсия. Прозрачная или полупрозрачная термодинамически устойчивая эмульгированная кислотная система, приготовленная из кислоты, нефти, спирта и поверхностно-активных веществ. Размер частиц капель эмульсии обычно измеряется на наноуровне.

泡沫酸(foamed acid) 以酸作分散介质,气体作分散相,与起泡剂、稳泡剂等添加剂在搅拌或剪切流动条件下配制成的气液两相泡沫稳定酸液体系。

Пенокислота. Газожидкостная двухфазная кислотная система стабилизации пены, полученная из кислоты в качестве дисперсионной среды, газа в качестве дисперсной фазы и добавок, таких как пенообразователи и стабилизаторы пенообразования, в условиях перемешивания или сдвигового течения.

临界胶束浓度(critical micelle concentration) 表面活性剂在溶剂中形成胶束,并使界面张力发生突变时的浓度。

Критическая концентрация мицеллообразования. Концентрация поверхностно-активных веществ, при которой они образуют мицеллы в растворителе и вызывают резкое изменение межфазного натяжения.

胶束酸体系(micelle acid system) 以酸液为介质,添加极性长碳链表面活性剂,其浓度达到或超过临界胶束浓度时形成的酸液体系。

Мицеллообразующая кислотная система. Кислотная система, использующая кислотный раствор в качестве среды с добавлением полярных поверхностно-активных веществ с длинной углеродной цепью и образованная тогда, когда концентрация кислотного раствора достигает или превышает критическую концентрацию мицелл.

氟硼酸体系（fluoroboric acid） 利用氟硼酸盐在地层中发生水解反应而生成氢氟酸的酸液体系。

Фтороборно-кислотная система. Кислотная система, которая использует фторборат для гидролиза в пласте с образованием плавиковой кислоты.

酸液添加剂（acid additive） 为改进酸液缓蚀、缓速、耐温、防破乳、抗酸渣等性能而添加的化学添加剂，包括缓蚀剂、缓速剂、铁离子稳定剂、抗酸渣剂、黏土稳定剂、表面活性剂等。

Добавки к кислотным растворам. Химические добавки, добавляемые для улучшения рабочих характеристик кислотного раствора, таких как ингибирование коррозии, замедление скорости реакции, термостойкость, стойкость к разрушению эмульсии и стойкость к образованию кислого гудрона, в которые входят ингибиторы коррозии, замедлители скорости реакции, стабилизаторы ионов железа, агенты против образования кислого гудрона, стабилизаторы глины и поверхностно-активные вещества.

酸化缓蚀剂（corrosion inhibitor） 在酸液里添加的能减缓或抑制酸液对地面管线、油管与套管、井下工具和泵注系统等腐蚀的化学助剂。

Ингибитор кислотной коррозии. Химическая добавка к кислотному раствору, которая может замедлить или ингибировать коррозию кислотным раствором наземных трубопроводов, насосно-компрессорных и обсадных труб, скважинных инструментов и насосных систем.

缓蚀增效剂（corrosion control synergistic agent） 用于提高缓蚀剂的缓蚀效率和使用温度的化学添加剂。

Коррозионный контроль синергетического агента. Химическая добавка, используемая для повышения эффективности и рабочей температуры ингибиторов коррозии.

铁离子稳定剂（iron stabilizer） 通过络合、螯合、还原和（或）pH 值控制等作用防止铁离子二次沉淀的化学剂。

Стабилизатор ионов железа. Химический агент, предотвращающий вторичное осаждение ионов железа путем комплексообразования, хелатирования, восстановления и/или регулирования pH.

抗酸渣剂(acid sludge inhibitor) 能防止酸与原油中某些非烃物质形成酸渣(淤渣)的化学剂。

Агент против образования кислого гудрона. Химический агент, который может предотвратить образование кислого гудрона (осадка) из кислоты и некоторых неуглеводородных веществ в сырой нефти.

互溶剂(mutual solvent) 在酸液体系中能使油水互溶、提高酸液返排能力的化学剂。

Взаимный растворитель. Химический агент в кислотной системе, который может смешать нефть с водой и способствовать дренажу кислотного раствора.

破乳助排剂(demulsifying cleanup agent) 能够使相对稳定的乳状液结构破坏达到两相分离并能够促使工作残液从地层返排的化学剂。

Добавка для разрушения геля и очистки жидкости. Химический агент, который может разрушить относительно стабильную структуру эмульсии для достижения двухфазной сепарации и способствовать дренажу остаточной рабочей жидкости из пласта.

酸化转向剂(acidizing diverter) 可暂时封堵高渗透层段,改善酸液吸入剖面的化学材料。

Отклоняющий агент для кислотной обработки. Химический материал, который может временно блокировать высокопроницаемый интервал и улучшить профиль приемистости к кислотному раствору.

加重剂(weighting material) 用于提高储层改造工作液体系密度的材料,如溴化钠、甲酸钾等。

Утяжелитель. Материал, используемый для увеличения плотности системы рабочей жидкости для интенсификации притока, такой как бромид натрия, формиат калия и т.д.

络合剂(complexing agent) 金属原子或离子与含有两个或两个以上配位原子作用而生成具有环状结构络合物的配体物质,也称螯合剂。

Комплексообразующий агент. Вещество–лиганд, содержащий два или более лигандных атома, с которыми взаимодействуют атомы или ионы металла и образуют комплекс с циклической структурой, также известный как хелатирующий агент.

缓速率（retardation rate） 参照酸与缓速酸的酸岩反应速率之差与参照酸的酸岩反应速率比值的百分数。

Коэффициент замедления. Процентое отношение разницы в скоростях реакции окисленой породы между эталонной кислотой и медленно действующей кислотой к скорости реакции породы, окисленной эталонной кислотой.

腐蚀速率（corrosion rate） 在酸液中，单位时间、单位面积上金属的腐蚀失重。

Скорость коррозии. Коррозионные потери веса металла в кислотном растворе в единицу времени и на единицу площади.

缓蚀率（corrosion inhibition rate） 添加缓蚀剂后金属腐蚀速率降低的百分数。

Коэффициент ингибирования коррозии. Процент снижения скорости коррозии металла после добавления ингибитора коррозии.

泡沫半衰期（half-life of foam） 一定的泡沫容积内部所含的液体流出一半所需要的时间，表征了泡沫的排液速度和稳定性。

Период полураспада пены. Время, необходимое для вытекания половины жидкости, содержащейся в определенном объеме пены, которое характеризует скорость дренажа жидкости и стабильность пены.

二次沉淀物（secondary sediment） 油气井酸化过程中，酸液与地层岩石反应后，残余酸液因酸度降低而形成的铁、硅等的化学沉淀物。

Вторичный осадок. Химические осадки, такие как железо и кремний, образованные в результате снижения кислотности остаточного кислотного раствора после завершения реакции кислотного раствора с породой в процессе кислотной обработки нефтяных и газовых скважин.

酸溶解能力（acid solubility） 单位体积的酸液反应完全后所能溶解的岩石体积。

Кислоторастворимость. Объем породы, который может быть растворен в единице объема кислоты после полной реакции.

溶解率(dissolution rate)　一定时间内，一定浓度的酸液对岩石的溶解能力。

Коэффициент растворения. Способность определенной концентрации кислоты растворять горные породы в течение определенного периода времени.

酸岩反应动力学(acid-rock reaction kinetics)　考虑温度、压力、酸液浓度、岩石物性、添加剂、流场和温度场分布、停留时间分布等因素，研究酸液与岩石反应的速率常数、速率、级数及活化能等参数的学科。

Динамика (кинетика) реакции окисленной породы. Наука, изучающая константу скорости, скорость, порядок, энергию активации и другие параметры реакции между кислотой и породой с учетом таких факторов, как температура, давление, концентрация кислоты, физические свойства породы, добавки, распределение поля потока и температурного поля, распределение времени пребывания и т.д.

反应动力学方程(reaction kinetics equation)　表示各物质浓度对反应速度影响的数学方程式。

Уравнение динамики (кинетики) реакции окисленной породы. Математическое уравнение, выражающее влияние концентрации каждого вещества на скорость реакции.

基元反应(elementary reaction)　一步完成的反应，又称简单反应。

Элементарная реакция. Одностадийная реакция, также известная как простая реакция.

复杂反应(complex reaction)　构成一个总反应的几个基元反应的集合。

Сложная реакция. Совокупность нескольких элементарных реакций, составляющих суммарную реакцию.

反应模式(reaction mode)　指酸岩反应中影响总反应速率的主控因素，一般包括传质反应模式和表面反应模式。

Условия протекания реакции. Под ним подразумевается основной управляющий фактор, влияющий на скорость суммарной реакции окисленной породы, включая режим массопередачи и режим поверхностной реакции.

反应速率(reaction rate) 单位时间内酸浓度的降低值,或单位时间内岩石单位反应面积的溶蚀量。

Скорость реакции. Величина снижения концентрации кислоты в единицу времени или количество растворенной породы на единицу площади реакции в единицу времени.

反应速度常数(reaction rate constant) 在给定温度下,反应物浓度均为1mol/L时的反应速率,反应速率常数,受温度、催化剂和反应表面性质等因素影响,但与浓度无关。

Константа скорости реакции. Скорость реакции при концентрации каждого реагента, равной 1 моль/Л, при заданной температуре. На константу скорости реакции влияют такие факторы, как температура, катализатор и свойства реакционной поверхности, но она не имеет никакого отношения к концентрации.

反应级数(order of reaction) 酸岩化学反应速率方程中,各个物质浓度项指数的代数和。

Порядок реакции. Алгебраическая сумма показателей концентрации каждого вещества в уравнении скорости химической реакции окисленной породы.

反应活化能(reaction activation energy) 分子从常态转变为容易发生化学反应的活化状态所需要的最小能量。

Энергия активации реакции. Минимальная энергия, необходимая молекуле для перехода из нормального состояния в активированное состояние, что позволяет легко вступать в химическую реакцию.

同离子效应(common ion effect) 在酸液中加入与酸根离子相同的盐,能够影响酸岩反应速率的效应。

Эффект общего иона. Эффект, при котором добавление в кислотный раствор соли одной и той же кислоты влияет на скорость реакции окисленной породы.

一酸两矿物模型（acid dual-mineral model）　在酸化反应中，依据矿物与氢氟酸的反应速度将矿物分为快反应矿物和慢反应矿物两种类型，一般将长石、自生黏土和无定形 SiO_2 作为快反应矿物，次生黏土和碎屑石英作为慢反应矿物。这种考虑了氢氟酸与快慢两类矿物反应的模型称为一酸两矿物模型。

Модель реакции одной кислоты с двумя минералами.　В реакции кислотной обработки, в зависимости от скорости реакции между минералами и плавиковой кислотой минералы делятся на два типа: быстрореагирующие минералы и медленнореагирующие минералы. Как правило, к быстрореагирующим минералам относятся полевой шпат, автогенная глина и аморфный SiO_2, а к медленно реагирующим минералам – вторичная глина и обломочный кварц. Такая модель, которая учитывает реакцию между плавиковой кислотой и двумя типами минералов, а именно быстрореагирующими и медленнореагирующими минералами, называется моделью одной кислоты и двух минералов.

两酸三矿物模型（two acid three mineral model）　高温条件下，在标准的一酸两矿物模型基础上，考虑中间产物氟硅酸（H_2SiF_6）与硅胶 $Si(OH)_4$ 反应的模型。

Модель реакции двух кислот с тремя минералами.　Модель с учетом реакции между промежуточным продуктом, то есть фторкремниевой кислотой (H_2SiF_6), и силикагелем $Si(OH)_4$ на основе стандартной модели одной кислоты и двух минералов в условиях высокой температуры.

表面反应（surface reaction）　酸液里的氢离子（H^+）与岩石表面的反应。

Поверхностная реакция.　Реакция ионов водорода (H^+) в кислотном растворе с поверхностью породы.

氢离子传质系数（hydrogen ion mass transfer coefficient） 单位时间内，单位浓度梯度时在单位岩石面积上，氢离子（H^+）透过边界层到达岩石表面的物质的量。

Коэффициент массопередачи ионов водорода. Количество вещества, ионы водорода (H^+) в котором проходят через пограничный слой и достигают поверхности породы в единицу времени, на единицу градиента концентрации и на единицу поверхности породы.

快反应矿物（fast-reacting mineral） 一酸两矿物或两酸三矿物酸岩反应模型中，与氢氟酸反应速度快的矿物类型，一般包括：长石、自生黏土和无定形 SiO_2。

Быстрореагирующий минерал. Тип минералов, которые быстро вступают в реакцию с плавиковой кислотой в модели реакции окисленной породы на основе одной кислоты и двух минералов или двух кислот и трех минералов, обычно включающий в себя полевой шпат, автогенную глину и аморфный SiO_2.

慢反应矿物（slow-reacting mineral） 一酸两矿物或两酸三矿物酸岩反应模型中，与氢氟酸反应速度慢的矿物类型，一般包括：次生黏土和碎屑石英。

Медленнореагирующий минерал. Тип минералов, которые медленно вступают в реакцию с плавиковой кислотой в модели реакции окисленной породы на основе одной кислоты и двух минералов или двух кислот и трех минералов, обычно включающий в себя вторичную глину и обломочный кварц.

酸岩面容比（acid and rock area volume ratio） 单位体积酸液接触岩石的表面积。

Отношение поверхности реакции горных пород к объему кислотного раствора. Поверхность породы, контактирующая с единицей объема кислотного раствора.

活性酸（active acid） 具有溶蚀岩石能力的酸。

Активная кислота. Кислота, обладающая способностью растворять горные породы.

活性酸穿透距离（active acid penetration） 当活性酸反应后变为残酸时，酸液所能达到的最远距离。

Глубина проникновения активной кислоты. Кислотный раствор позволяет достичь максимальную глубину, когда активная кислота превращается в остаточную кислоту после реакции.

反应前缘(reaction front) 酸液在储层内运移过程中发生酸岩反应变成残酸的位置。

Фронт реакции. Местоположение, где кислотный раствор вступает в реакцию с породой и превращается в остаточную кислоту в процессе миграции кислотного раствора в пласте.

酸扩散系数(acid diffusion coefficient) 酸液中氢离子单位质量浓度梯度,单位时间内通过单位面积上的氢离子的质量。

Коэффициент распространения кислоты. Градиент концентрации ионов водорода на единицу массы в кислотном растворе, то есть масса ионов водорода, проходящая через единицу площади в единицу времени.

酸液滤失量(acid filtration loss) 在压差和溶蚀作用下,一定时间内酸液通过多孔介质所滤出的量。

Фильтрационная потеря кислотного раствора. Количество кислотного раствора, фильтрованное через пористую среду в течение определенного периода времени под действием дифференциального давления и растворения.

黏性指进(viscous fingering) 低黏度流体驱替高黏度流体过程中产生的“指尖”状突进现象。

Языкообразный прорыв в результате разности вязкостей. Явление «языкообразного» прорыва, возникающее в процессе вытеснения высоковязкой жидкости низковязкой жидкостью.

支撑剂

Пропант

支撑剂(proppant) 用于支撑压裂裂缝,具有一定强度的颗粒物质。

Пропант. Гранулированные порошки высокой прочности, предназначенные для сохранения в открытом состоянии трещин, образовавшихся при гидравлическом разрыве пласта.

石英砂支撑剂(quartz sands) 由天然石英砂加工处理,符合一定要求的支撑剂。

Пропант на основе кварцевого песка. Пропант, отвечающий определенным требованиям, изготовленный из природного кварцевого песка.

陶粒支撑剂(ceramic proppant) 以铝矾土或粉煤灰、煤矸石、焦宝石尾矿等固体废弃物为主要原料,添加少量长石、氧化锰等添加剂,经破碎、细碎、粉磨、制粒和高温烧结等工艺制作而成的支撑剂。

Керамический пропант. Пропант, изготовленный из бокситов или твердых отходов, таких как пылеугольная зола, пустая угольная порода и коксовые отходы, в качестве основного сырья, с небольшим количеством полевого шпата, оксида марганца и других добавок, полученный путем дробления, тонкого измельчения, помола, гранулирования и высокотемпературного спекания.

高强度陶粒支撑剂(high strength ceramic proppant) 常用陶粒的抗压等级为52MPa、69MPa和86MPa,抗压等级高于86MPa称为高强度陶粒支撑剂,如96MPa、103MPa、140MPa等。

Высокопрочный керамический пропант. Категории прочности обычно используемой керамики на сжатие составляют 52 МПа, 69 МПа и 86 МПа. Керамика с категорией прочности на сжатие выше 86 МПа, например, 96 МПа, 103 МПа, 140 МПа и т.д., называется высокопрочным керамическим пропантом.

覆膜支撑剂(resin-coated proppant) 采用特殊工艺将覆膜材料包裹到支撑剂表面制成的压裂支撑剂。

Пропант с полимерным покрытием. Пропант для гидроразрыва пласта, изготовленный с использованием специального процесса нанесения ламинирующего материала на поверхность пропанта.

示踪支撑剂(tracer proppant) 掺有可探测的化学物质、放射性同位素或高中子俘获截面元素等成分的支撑剂。通过压裂施工将该类支撑剂带入裂缝,施工结束后,利用专有设备监测这些成分,可以获得支撑剂的位置、裂缝形态、返排等信息。

Пропант с индикатором. Пропант с обнаруживаемыми химическими веществами, радиоизотопами или элементами с высокой степенью улавливания нейтронов. Такие пропанты вводятся в трещины при гидроразрыве пласта. После завершения гидроразрыва используется специальное оборудование для мониторинга этих компонентов, чтобы получить информацию о местоположении пропантов, морфологии трещин и обратном потоке.

筛析(sieve analysis)　测量支撑剂粒径的标准方法。一定质量支撑剂经振筛后测量留在每个筛子和盘子内的支撑剂样品质量的百分比。

Гранулометрический анализ. Стандартный метод измерения размера частиц пропанта. После просеивания определенной массы пропанта измеряют весовой процент образца пропанта, оставшегося в каждом сите и тарелке.

圆度(roundness)　支撑剂颗粒的棱角被磨圆的程度,是支撑剂颗粒的重要特征之一。

Окатанность. Степень закругления краев и углов частиц пропанта, что является одной из важных характеристик частиц пропанта.

球度(sphericity)　支撑剂颗粒接近于球体形状的程度。

Сферичность. Степень, в которой частицы пропанта близки к сферической форме.

粒径分布(particle size distribution)　不同粒径支撑剂质量所占的比例。

Распределение частиц по размерам. Доля массы пропанта с разными размерами частиц.

平均粒径(average particle size)　筛析实验中,上下筛孔径的平均值与上下筛间支撑剂质量百分比乘积的和除以上下筛间支撑剂质量百分比之和,又称粒径均值。

Средний размер частиц. Сумма произведения среднего диаметра отверстий верхнего и нижнего сит на весовой процент пропанта между верхним и нижним ситами делится на сумму весового процента пропанта между верхним и нижним ситами в гранулометрическом анализе.

中值直径(median diameter)　筛析实验中,粒径分布曲线上支撑剂质量占总质量的 50% 所对应的粒径直径。

Медианный диаметр. Диаметр частиц, соответствующий массе пропанта, равной 50% от общей массы на кривой распределения частиц по размерам в гранулометрическом анализе.

体积密度(bulk density)　支撑剂的质量与在自然状态下的总体积(包括支撑剂骨架及其内部孔隙和颗粒间孔隙)的比值。

Объёмная плотность. Отношение массы пропанта к общему объему в его естественном состоянии (включая каркас пропанта, его внутренние поры и межчастичные поры).

视密度(apparent density) 单位体积(包括支撑剂骨架及其内部孔隙)支撑剂颗粒的总质量。

Кажущаяся плотность. Общая масса частиц пропанта на единицу объема (включая каркас пропанта и его внутренние поры).

绝对密度(absolute density) 支撑剂的质量与支撑剂绝对体积(仅包括支撑剂骨架)的比值。

Абсолютная плотность. Отношение массы пропанта к абсолютному объему пропанта (включая только каркас пропанта).

低密度陶粒支撑剂(low density ceramic proppant) 体积密度介于1.30～1.65g/cm^3、视密度小于2.70g/cm^{3}的陶粒支撑剂。

Керамический пропант с низкой плотностью. Керамический пропант с объемной плотностью от 1,30 до 1,65 г/см^3 и кажущейся плотностью менее 2,70 г/см^3.

中密度陶粒支撑剂(medium density ceramic proppant) 体积密度介于1.65～1.80g/cm^3、视密度介于2.70～3.40g/cm^{3}的陶粒支撑剂。

Керамический пропант со средней плотностью. Керамический пропант с объемной плотностью от 1,65 до 1,80 г/см^3 и кажущейся плотностью от 2,70 до 3,40 г/см^3.

高密度陶粒支撑剂(high density ceramic proppant) 体积密度大于1.80g/cm^3、视密度大于3.40g/cm^{3}的陶粒支撑剂。

Керамический пропант с высокой плотностью. Керамический пропант с объемной плотностью более 1,80 г/см^3 и кажущейся плотностью более 3,40 г/см^3.

浊度(turbidity) 在规定体积的蒸馏水中加入一定质量的支撑剂,经摇动并放置一定时间后液体的浑浊程度。

Мутность. Степень помутнения жидкости, полученная путём добавления определенной массы пропанта в дистиллированную воду установленного объема, после встряхивания и оставления на определенный период времени.

酸溶解度(acid solubility) 在规定的酸溶液及反应条件下,一定质量的支撑剂被酸溶液溶解的质量与总质量的百分比。

Растворимость в кислотах. Процентное отношение массы пропанта, растворенного в установленном кислотном растворе в установленных условиях реакции, к общей его массе.

破碎率(proppant crushing percent)　在一定的压力载荷下，产生的小于规定粒径尺寸下限的碎屑量与试样总量的比值。

Процент дробления пропанта. Отношение количества обломков с размером частиц ниже установленного нижнего предела размеров частиц, образованных при определенной нагрузке давления, к общему объему пробы.

单颗粒抗压强度(compressive strength of single particle)　支撑剂单颗粒样品在静载荷作用下发生破碎所需的最小压强。

Прочность одной частицы на сжатие. Минимальное давление, необходимое для разрушения образца одной частицы пропанта под действием статической нагрузки.

短期导流能力(short-term conductivity)　支撑剂充填层各级压力点受压时间不大于 1.5h 条件下获取的导流能力实验值。

Краткосрочная проводимость. Экспериментальное значение проводимости, полученное в условиях выдерживания давления каждой напряженной точкой слоя пропанта в течение не более 1,5 ч.

长期导流能力(long-term conductivity)　在指定地层岩板、水矿化度条件下，支撑剂充填层各级压力点连续受压时间为 50h±2h 时获取的导流能力实验值。

Долгосрочная проводимость. Экспериментальное значение проводимости, полученное при непрерывном выдерживании давления каждой напряженной точкой слоя пропанта в течение 50 ч±2 ч в заданных условиях свойства пласт-коллектора и минерализации воды.

支撑剂嵌入(proppant embedment)　在有效闭合压力作用下，支撑剂颗粒嵌入裂缝壁面一定深度，从而导致导流能力降低的现象。

Вдавливание пропанта. Явление вдавливания пропанта в стенку трещины на определенную глубину под действием эффективного давления закрытия и вызванного этим снижением проводимости.

支撑剂粒径规格(proppant particle size specification)　按筛析实验标准筛组合，将支撑剂粒径划分为 11 个规格，见下表：

Спецификация размеров частиц пропанта. В соответствии со стандартными комбинациями сит для гранулометрического анализа размеры частиц пропанта подразделяются на 11 спецификаций, как показано в таблице ниже:

粒径规格（μm）	3350/1700	2360/1180	1700/1000	1700/850	1180/850	1180/600	850/425	600/300	425/250	425/212	212/106
参考筛目	6/12	8/16	12/18	12/20	16/20	16/30	20/40	30/50	40/60	40/70	70/140
筛析实验标准筛组合（μm）	4750	3350	2360	2360	1700	1700	1180	850	600	600	300
	3350	***2360***	***1700***	***1700***	***1180***	***1180***	***850***	***600***	***425***	***425***	***212***
	2360	2000	1400	1400	1000	1000	710	500	355	355	180
	2000	1700	1180	1180	***850***	850	600	425	300	300	150
	1700	1400	***1000***	1000	710	710	500	355	***250***	250	125
	1400	***1180***	850	***850***	600	***600***	***425***	***300***	212	***212***	***106***
	1180	850	600	600	425	425	300	212	150	150	75
	底盘	底盘	底盘	底盘	底盘	底盘	底盘	底盘	底盘	底盘	底盘

Спецификация размеров частиц пропанта（мкм）	3350/1700	2360/1180	1700/1000	1700/850	1180/850	1180/600	850/425	600/300	425/250	425/212	212/106
Эталонный меш	6/12	8/16	12/18	12/20	16/20	16/30	20/40	30/50	40/60	40/70	70/140
Стандартные комбинации сит для гранулометрического анализа（мкм）	4750	3350	2360	2360	1700	1700	1180	850	600	600	300
	3350	***2360***	***1700***	***1700***	***1180***	***1180***	***850***	***600***	***425***	***425***	***212***
	2360	2000	1400	1400	1000	1000	710	500	355	355	180
	2000	1700	1180	1180	***850***	850	600	425	300	300	150
	1700	1400	***1000***	1000	710	710	500	355	***250***	250	125
	1400	***1180***	850	***850***	600	***600***	***425***	***300***	212	***212***	***106***
	1180	850	600	600	425	425	300	212	150	150	75
	Поддон	Поддон	Поддон	Поддон	Поддон	Поддон	Поддон	Поддон	Поддон	Поддон	Поддон

粒径组合（particle size combination） 泵入携砂液过程中，分阶段或按时间前后泵入不同粒径规格支撑剂的方式。

Комбинация размеров частиц. Способ поэтапной или последовательной закачки пропанта с различными спецификациями размеров частиц в процессе закачки жидкости–песконосителя.

小粒径支撑剂(small particle size proppant) 粒径规格小于 850/425μm 的支撑剂。

Мелкозернистый пропант. Пропант со спецификацией размеров частиц менее 850/425 мкм.

粉陶(ceramic powder) 粒径规格不大于 212/106μm 的陶粒支撑剂。

Керамический порошок. Керамический пропант со спецификацией размеров частиц не более 212/106 мкм.

粉砂(fine sand) 粒径规格不大于 212/106μm 的石英砂支撑剂。

Тонкозернистый песок. Пропант из кварцевого песка со спецификацией размеров частиц не более 212/106 мкм.

废料处理及重复利用

Переработка и повторное использование отработанных материалов

废液(wasted fluid) 压裂酸化后,地面剩余或从井内排出的不能再利用的液体。

Отработанная жидкость. Жидкость, оставшаяся на поверхности земли или дренированная из скважины, которая не может быть использована повторно.

残酸(residual acid) 在酸化过程中,浓度降低到 3% 以下,基本上已失去溶蚀能力但尚未产生二次沉淀的酸液,又称乏酸。

Остаточная кислота. Кислотный раствор, который в основном потерял коррозионную способность, но еще не произвел вторичного осаждения при снижении концентрации ниже 3% в процессе кислотной обработки, также известный как отработанная кислота.

杂质(mechanical impurity) 压裂酸化工作液中不溶解的沉淀物或悬浮物。

Механическая примесь. Нерастворимые осадки или взвешенные твердые вещества в рабочей жидкости для гидроразрыва или кислотной обработки пласта.

悬浮物(suspended solids) 悬浮于液体中可按标准过滤方法截流在滤膜上的细小不溶物。

Взвешенные вещества. Мелкие нерастворимые вещества, взвешенные в жидкости, которые могут быть задержаны мембраной в соответствии со стандартным методом фильтрации.

絮凝沉降法（flocculation method） 在压裂酸化废液中加入絮凝剂和助凝剂，使杂质、悬浮微粒沉降，实现固液分离，是水处理技术中重要的分离方法之一。

Метод флокуляционого осаждения. Один из важных методов сепарации в технологии очистки воды, который заключается в добавлении флокулянтов и коагулянтов в обработанную жидкость гидроразрыва или кислотный раствор для осаждения механических примесей и взвешенных частиц и тем самым осуществления сепарации твердых веществ и жидкости.

中和法（neutralization method） 在压裂酸化返排液中加入酸或碱类产品，调节其 pH 值到中性液体的一种处理方法。

Метод нейтрализации. Метод обработки, заключающийся в добавлении кислотных или щелочных продуктов в обратную жидкость гидроразрыва или кислотный раствор для приведения ее значения pH к нейтральной жидкости.

返排污水处理器（wastewater processor） 压裂酸化施工后对地面返排液体进行处理，并使处理后的液体符合一定排放或回收利用标准的设备。

Установка очистки отработанной сточной воды. Оборудование, которое обрабатывает отработанную жидкость на поверхности земли после гидроразрыва или кислотной обработки и обеспечивает соответствие обработанной жидкости определенным стандартам сброса или рециркуляции.

返排液回收再利用（recycle of flow back fluid） 使用特定配方和物理化学方法处理压裂的返排液并再次配成压裂液再利用的措施。能重新配制压裂液所占的比例称为再利用率。

Переработка для вторичного использования отработанной жидкости. Мероприятие с использованием специальных рецептур и физико-химических методов для обработки отработанной жидкости гидроразрыва и приготовления из нее новой жидкости гидроразрыва для повторного использования. Доля отработанной жидкости, которая может быть переработана в жидкость гидроразрыва, называется коэффициентом повторного использования.

第五章　储层改造工具与装备

Часть V. Инструменты и оборудование для интенсификации притока методом гидроразрыва пласта

井下工具

Скважинное оборудование

压裂工具(fracturing tool)　为保证压裂正常实施而使用的井下专用工具,包括封隔器、桥塞、滑套、球座等。

Оборудование для гидроразрыва пласта.　Специальное скважинное оборудование для обеспечения нормального проведения гидроразрыва пласта, включая пакеры, мостовые пробки, скользящие муфты, седла шара и т.д.

膨胀管(expandable tubular)　用于封堵复杂层、补贴套管的一种具有高延伸率、低回弹性能的可膨胀金属管。

Расширяемая труба.　Расширяемая металлическая труба с высокой растяжимостью и низкой эластичностью по упругому отскоку, используемая для изоляции сложного горизонта и компенсации обсадных труб.

封隔器(packer)　在井下管柱中,用于封隔油管与套管或裸眼井壁环形空间的工具。

Пакер.　Оборудование, установленное в скважине для пакерирования кольцевого пространства между насосно-компрессорными трубами и обсадными колоннами или кольцевого пространства ствола необсаженной скважины.

扩张式封隔器(expansible packer) 依靠径向力与封隔件内腔液压作用,使密封件外径扩大实现密封的封隔器。

Расширяющийся пакер. Пакер, который использует радиальное усилие и гидравлическое действие во внутренней полости уплотнителя для увеличения наружного диаметра уплотнителя для обеспечения герметизации.

压缩式封隔器(compressible packer) 依靠轴向力压缩封隔件,使封隔件外径扩大实现密封的封隔器。

Компрессионный пакер. Пакер, который использует осевое усилие для сжатия уплотнителя и расширения наружного диаметра уплотнителя для обеспечения герметизации.

自膨胀式封隔器(self-expansible packer) 依靠封隔件外径和套管内径的过盈和工作压差实现密封的封隔器。

Саморазбухающий пакер. Пакер, который использует разницу между внешним диаметром уплотнителя и внутренним диаметром обсадной колонны, а также разницу рабочих давлений для обеспечения герметизации.

组合式封隔器(combined packer) 是由扩张式、压缩式以及自膨胀式任意组合实现密封的封隔器。

Комбинированный пакер. Пакер, который обеспечивает герметизацию любой комбинацией расширяющегося, компрессионного и саморазбухающего типов.

导压喷砂器(sand blaster) 利用喷砂器的节流作用坐封封隔器,以喷砂槽作为流动通道,实现分层压裂和选择性压裂的工具。

Пескоструйный аппарат. Инструмент, который использует дроссельное действие пескоструйного аппарата для посадки пакера и использует пескоструйный канал в качестве канала потока для достижения одновременно-раздельного гидроразрыва и селективного гидроразрыва пласта.

滑套(sliding sleeve)　井口加压,开启压裂通道,压开水泥环,建立压裂通道,对储层进行改造的工具。

Скользящая муфта. Инструмент, который используется для повышения давления на устье скважины, открытия канала гидроразрыва, открытия цементного кольца под давлением, создания канала гидроразрыва пласта и осуществления интенсификации притока.

趾端滑套(toe sliding sleeve/ toe end sliding sleeve)　位于水平井趾端(相对于水平井 A 靶点附近的根部)的滑套,由于无流动通道,趾端滑套需要特殊的设计和打开方式。

Скользящая муфта в призабойном участке горизонтальной скважины. Скользящая муфта, которая находится в призабойном участке горизонтальной скважины (концевой части в близости точки мишени относительно горизонтальной скважины A), требует особого дизайна и способа открытия из–за отсутствия канала потока.

定压滑套(pressure–activated sliding sleeve) 在设定压差条件下打开的滑套,一般用于水平井分段压裂的第一级滑套。

Скользящая муфта, приводимая в действие при установленном перепаде давления. Скользящая муфта, открывающаяся в условиях заданного дифференциального давления, которая обычно используется в качестве скользящей муфты первой ступени при многостадийном гидроразрыве в горизонтальной скважине.

滑套喷砂器(sliding sleeve sand blaster) 滑套与喷砂口的总成,包括上接头、释放套、喷砂器主体、滑套、下接头等。

Пескоструйный аппарат со скользящей муфтой. Скользящая муфта и пескоструйное сопло в сборе, включающие в себя верхнее соединение, освобождающую муфту, основной корпус пескоструйного аппарата, скользящую муфту и нижнее соединение.

套管固井滑套(casing-anchored sliding sleeve) 随套管入井,固井作业后,可用一定方式打开或关闭,控制压裂流体进入地层通道的滑套。

Скользящая муфта с цементированием в обсадной колонне. Скользящая муфта, спускающаяся в скважину на обсадной трубе, которая может открываться или закрываться определенным способом после завершения операций цементирования для управления поступлением жидкости гидроразрыва в пластовой канал.

压裂球座(fracturing ball seat) 在投球滑套分段压裂工艺中,用于不同尺寸的压裂球座封打开滑套的工具。

Седло шара для гидроразрыва пласта. Инструмент, используемый для посадки шаров различных размеров для гидроразрыва пласта и открытия скользящей муфты в технологии многостадийного гидроразрыва пласта с использованием шаровых муфт.

桥塞(plug) 用于封隔井眼或套管内空间实现井下分段密封的工具。

Мостовая пробка. Инструмент, используемый для пакерирования ствола скважины или пространства внутри обсадной колонны для достижения поинтервальной герметизации в скважине.

可钻桥塞(drillable plug) 用复合材料制成的可钻磨的桥塞,传统可钻桥塞的主要材料是铸铝,目前发展为采用更易钻磨的轻金属复合材料制成,钻磨时间仅为传统可钻桥塞的1/10左右,称为“速钻桥塞”。

Разбуриваемая мостовая пробка. Мостовая пробка, изготовленная из композитных материалов, которую можно разбуривать. Основным материалом для традиционной мостовой пробки является литой алюминий. В настоящее время для ее приготовления применяется более разбуриваемый композитный материал на основе легкого металла со временем разбуривания, составляющим около 1/10 от времени разбуривания традиционной разбуриваемой мостовой пробки, и такая современная мостовая пробка называется «быстро разбуриваемой мостовой пробкой».

可溶桥塞(dissolvable plug)　用可溶性材料制成的在一定井下条件及时间内可自行溶解的桥塞。

Растворимая мостовая пробка.　Мостовая пробка, изготовленная из растворимых материалов, которые могут растворяться сами по себе при определенных скважинных условиях и в течение определенного периода времени.

水力喷砂器(hydraulic sand blaster)　用含砂流体在高压下通过特制喷嘴,射流穿透套管、水泥环至地层的射孔和水力喷砂压裂的专用工具。

Гидравлический пескоструйный аппарат.　Специальный инструмент для перфорации и пескоструйного гидроразрыва, который использует пескосодержащую жидкость для создания струи, проникающей сквозь обсадную трубу и цементное кольцо для достижения пласта, под высоким давлением через специальное сопло.

分簇射孔器(cluster perforator)　在同一压裂层段中可逐次射开若干小段的射孔工具。

Кластерный перфоратор. Перфорационный инструмент, который может перфорировать несколько участков последовательно в одном интервале гидроразрыва.

磨铣管串(milling string)　通过旋转作用切削磨碎而钻除桥塞、落鱼等的专用工具组合。

Колонна бурильных труб для фрезерования.　Комплект специальных инструментов, который режет и измельчает вращающим усилием для удаления мостовой пробки, оставленных в скважине предметов и т. д.

高压流量计(high pressure flowmeter)　连接在高压管汇中,用于测量高压条件下的液、固两相体积流量的装置。

Расходомер высокого давления. Устройство, подключенное в манифольде высокого давления для измерения объемного расхода жидкой и твердой фаз в условиях высокого давления.

压力传感器（pressure transducer/sensor） 能感受压强并转换成可用输出信号的传感器。

Датчик давления. Датчик, который может измерять давление и преобразовывать его в полезный выходной сигнал.

井下压力计（downhole pressure gauge） 用于测定井下压力的仪器。

Скважинный манометр. Прибор для измерения давлений в скважине.

装备

Устьевое оборудование

压裂井口（fracturing wellhead） 压裂时连接井筒与地面高压管汇的可开关井的装备，包括采油树压裂井口和专用压裂井口等。

Устьевое оборудование для гидроразрыва пласта. Оборудование, соединяющее ствол скважины и наземный манифольд высокого давления при гидроразрыве пласта, которое может открывать и закрывать скважину, включая фонтанное устьевое оборудование для гидроразрыва пласта и специальное устьевое оборудование для гидроразрыва пласта.

井口投球装置（wellhead ball injector） 安装在压裂井口上，向井筒内投入用于分层或分段储层改造工作球的专用地面装备。

Устьевое устройство подачи шаров. Специальное гидроразрывное устьевое устройство для подачи в ствол скважины рабочих шаров интенсификации притока многостадийного гидроразрыва пласта или с разделениями на интервалы.

地面投蜡球装置（wax ball injector） 连接在压裂高压管汇中，向井筒内投入用于转向改造暂堵蜡球的地面装置，主要由蜡球容器、控制阀、活接头组成。

Наземное устройство подачи шаров. Поверхностное устройство, подключенное к манифольду высокого давления для гидроразрыва пласта для подачи в ствол скважины восковых шаров для временного блокирования при интенсификации притока с отклонением, состоящее из емкости восковых шаров, клапана управления и быстросъемного соединения.

捕球器(ball catcher) 用于回收桥塞球的井口装置或组件,又称滤球筒。

Шароуловитель. Устьевое устройство или узел для возвращения шаров для мостовой пробки, также известное как фильтрующий стакан для шаров.

除砂器(sand separator) 用过筛的方法从返排液或残液中除去一定粒径范围固体颗粒的装置。

Сепаратор твердой фазы. Устройство для удаления твердых частиц в определенном интервале размеров из обратной жидкости или остаточной жидкости методом просеивания.

除砂罐(desander) 利用沉降原理清除返排液或残液中固相颗粒的装置。

Пескоотделитель. Устройство, использующее принцип осаждения для удаления твердых частиц из обратной жидкости или остаточной жидкости.

一体化管柱(integrated string) 一趟管柱满足多种作业施工的管柱组合,无须起下作业更换管柱,降低工作液对储层的伤害。

Интегрированная колонна. Компоновка колонн, с помощью которой можно выполнять различные виды работ при однократной спуско-подъемной операции, без необходимости повторного подъема и спуска для замены колонн, так что уменьшается загрязнение пласт-коллектора рабочей жидкостью.

平衡压力管线(pressure-balancing line) 用于提供平衡压力的施工管线。

Трубопровод с выравниванием давления. Рабочий трубопровод для обеспечения давления равновесия.

压裂泵车(frack pump truck) 装有提供一定压力和排量的液体泵注动力设备的专用车辆。

Насосная установка для гидроразрыва пласта. Специальный автомобиль, оборудованный силовым оборудованием для перекачки жидкости с определенным давлением и расходом.

柴油压裂泵(diesel fracturing pump) 以柴油机作为动力源,通过变速箱、万向轴驱动柱塞泵,为压裂液增压的专用地面设备。

Дизельный насос для гидроразрыва пласта. Специальное поверхностное оборудование с использованием дизеля в качестве источника энергии и с помощью коробки передач и карданного вала для привода плунжерного насоса с целью повышения давления жидкости гидроразрыва.

电驱压裂泵(electric fracturing pump) 由变频器控制异步电动机直接驱动柱塞泵,为压裂液增压的专用地面设备。

Электрический насос для гидроразрыва пласта. Специальное поверхностное оборудование с использованием преобразователя частоты для управления асинхронным электродвигателем с целью непосредственного привода плунжерного насоса для повышения давления жидкости гидроразрыва.

压裂仪表车(fracturing van) 是压裂施工的核心设备,安装测量压力、流量和混砂比等参数的仪表,用于集中显示和记录施工过程中的各种压裂参数,也称仪表指挥车。

Приборный агрегат для гидроразрыва пласта. Это критическое оборудование для гидроразрыва пласта, в котором установлены приборы для измерения давления, потока, содержания пропанта в жидкости гидроразрыва и других параметров, используемое для централизованного отображения и регистрации различных параметров гидроразрыва пласта в процессе операции, также известное как приборная машина управления гидроразрывом пласта.

混砂车(blender) 将支撑剂和压裂液按比例混合配制成携砂液后,向压力泵组供给的专用设备。

Пескосмесительный агрегат. Специальное оборудование для пропорционального смешивания пропанта с жидкостью гидроразрыва для приготовления жидкости–песконосителя, а также подачи в нагнетательный насосный агрегат.

压裂高压管汇(fracturing high pressure manifold) 用于汇集、输送由压裂泵排出的压裂液的专用高压管线。

Манифольд высокого давления для гидроразрыва пласта. Специальный трубопровод высокого давления для сбора и транспорта жидкости гидроразрыва, выходящей из насоса для гидроразрыва пласта.

压裂低压管汇(fracturing low pressure manifold) 用于汇集、输送由混砂车排出压裂液的专用低压管线。

Манифольд низкого давления для гидроразрыва пласта. Специальный трубопровод низкого давления для сбора и транспорта жидкости гидроразрыва, выходящей из пескосмесительного агрегата.

液体添加剂泵(liquid additive pump) 储层改造施工过程中,专门用于向工作液注入添加剂的计量泵。

Насос для перекачки жидких добавок. Специальный дозирующий насос для закачки в рабочую жидкость жидких добавок в процессе интенсификации притока.

配液车(fluid-mixing vehicle) 专门用于配制压裂液或酸液的油田专用作业车,主要专用装置为离心泵、液添泵、混合罐、控制室等。

Смесительный агрегат для приготовления жидкости гидроразрыва. Специальный автомобиль, работающий на нефтяных месторождениях для приготовления жидкости гидроразрыва или кислотного раствора. Основными его частями являются центробежный насос, насос для перекачки жидких добавок, смесительная емкость, кабина управления и т.д.

固体添加剂泵(solid additive pump) 储层改造施工过程中,专门用于向工作液加入固体添加剂的计量泵。

Насос для перекачки твердых добавок. Специальный дозирующий насос для добавления в рабочую жидкость твердых добавок в процессе интенсификации притока.

压裂液储罐(fracturing fluid storage tank) 用于储存压裂所用液体的存储罐。

Резервуар для жидкости гидроразрыва. Емкость для хранения жидкости гидроразрыва.

软体罐(flexible water-storage tank) 软质材料制成的,可以快速拆装的,用于存储工作液的装置。

Мягкая эластичная емкость для хранения воды. Устройство, изготовленное из мягких материалов, которое можно быстро разобрать и собрать для хранения рабочей жидкости.

酸罐(acid tank) 盛放强腐蚀性酸液的专用存储罐。

Емкость для кислоты. Специальная емкость для хранения сильноагрессивного кислотного раствора.

连续混配车(online mixing vehicle) 在线混合各种添加剂以配制压裂液的专用设备,又称在线混配车。

Машина для смешивания добавок с контролем параметров в режиме реального времени. Это специальное оборудование для смешивания различных добавок с контролем параметров в режиме реального времени для приготовления жидкости для гидроразрыва пласта.

平衡压力车(pressure balance truck) 压裂施工中,用于提供平衡压力的泵车。

Насосная установка для выравнивания давления. Насосная установка для обеспечения равновесного давления при гидроразрыве пласта.

砂罐(silo) 压裂施工中,用于存储支撑剂并能可控供砂的设备。

Емкость для хранения песка. Устройство для хранения пропанта и контролируемой подачи пропанта при гидроразрыве пласта.

砂罐车(sand tank truck) 主要用于配合油田压裂作业时运送支撑剂的专用车辆。

Агрегат для перевозки песка. Специальный автомобиль для перевозки пропанта во время гидроразрыва пласта на нефтяных месторождениях.

连续输砂装置(continuous sand convey device) 压裂施工中,可连续自动输送支撑剂到绞笼的装置。

Установка непрерывной подачи песка. Установка, обеспечивающая непрерывную и автоматическую подачу пропанта в барабане при гидроразрыве пласта.

管汇车(manifold truck) 运输压裂所用高低压管汇的专用车辆。

Агрегат для транспортировки манифольдов. Специальный автомобиль для транспортировки манифольдов высокого и низкого давления для гидроразрыва пласта.

高压软管（high pressure hose） 海上压裂时，将压裂船上泵注设备连接到海上平台井口的，用于高压施工，易于弯曲的管线。

Шланг высокого давления. Сгибаемый трубопровод для выполнения работ под высоким давлением, подсоединяющий насосную установку на судне для гидроразрыва пласта к устью скважины на морской платформе при проведении гидроразрыва пласта на море.

远程控制投球器（remote control ball launcher） 能够实现远程控制的井口投球装置。

Устройство дистанционного управления для подачи шаров. Устьевое устройство подачи шаров, которым можно управлять на расстоянии.

供酸泵（acid supply pump） 为压裂泵供给酸化、酸压工作液的耐腐蚀设备。

Насос для перекачки и подачи кислоты. Коррозионностойкое оборудование для подачи рабочей жидкости при кислотной обработке и кислотном гидроразрыве пласта.

液氮泵车（liquid nitrogen pumping truck） 用于泵注液氮的专用泵车。

Насосная установка для перекачки жидкого азота. Специальная насосная установка для перекачки жидкого азота.

液氮罐车（liquid nitrogen tank truck） 用于存储和运输液氮的专用设备。

Автоцистерна для жидкого азота. Специальное оборудование для хранения и перевозки жидкого азота.

制氮车（nitrogen generator） 从空气中分离提取 N_2，并能够输送和泵注 N_2 的专用设备。

Генератор азота. Специальное оборудование для выделения азота из воздуха, а также для подачи и закачки азота.

CO_2 增压泵（carbon dioxide booster pump） 用于泵注液态 CO_2 的耐腐蚀专用泵车。

Бустерный насос для углекислого газа. Коррозионностойкая специальная насосная установка для перекачки жидкого углекислого газа.

CO_2 密闭混砂车（carbon dioxide closed sand mixer） 在密闭条件下，将支撑剂和液态 CO_2 按比例混合配制成携砂液后，向压力泵组供给的专用设备。

Закрытый пескосмесительный агрегат с углекислым газом. Специальное оборудование для приготовления жидкости–песконосителя путем пропорционального смешивания пропанта с жидким углекислым газом в закрытых условиях и подачи его в нагнетательный насосный агрегат.

插拔式快接井口（plug–and pull–quick connection wellhead） 通过远程控制，能够实现自动连接与脱离的无人化操作井口装置，完成油气井压裂和射孔作业快速切换。

Быстроразъемные соединения для подключения к устью скважины. Необслуживаемое устьевое устройство, которое можно автоматически подсоединить и отсоединить при дистанционном управлении, осуществляя быстрое переключение между операциями гидроразрыва пласта и перфорации в нефтяных и газовых скважинах.

井口保护器（wellhead protector） 用中心管将地面高压管线与井下作业管柱桥接的采油树保护装置，可实现高于采油树额定工作压力的压裂施工。

Устьевой протектор. Устройство для защиты фонтанной арматуры, которое перемыкает наземный трубопровод высокого давления со скважинной рабочей колонной с помощью центральной трубы, что позволяет провести гидроразрыв пласта при давлении выше номинального рабочего давления фонтанной арматуры.

搅拌罐（stirring tank） 具有搅拌功能的储液罐。

Емкость для смешивания. Емкость для хранения жидкости гидроразрыва со смесительной функцией.

安全绳（safety rope） 用于连接承重装置和保护人员安全的绳索。

Страховочные стропы. Стропы, предназначенные для соединения с несущим устройством и защиты безопасности персонала.

连续油管作业车(coiled tubing unit)　用于起下连续油管的可移动设备,其基本功能是液压起下连续油管,作业完成后起出连续油管并卷绕在卷筒上以便运输。

Колтюбинговая установка. Передвижное оборудование для подъема и спуска колтюбинга, основная функция которой – гидравлический подъем и спуск колтюбинга, подъем колтюбинга и наматывание его на барабан после завершения операции для удобства перевозки.

井口密封系统(wellhead sealing system)　在桥塞—射孔联作施工过程中,既能够保证电缆在高压条件下移动顺畅,又能防止井内流体泄漏的密封装置。

Система герметизации устья скважины. Герметизирующее устройство для обеспечения свободного перемещения кабеля в условиях высокого давления и предотвращения утечки жидкости из скважины в процессе операции с мостовой пробкой и перфорацией.

除尘器(dust remover)　用于压裂过程中去除支撑剂流动所产生漂浮于空气中灰尘等的设备。

Пылеочиститель. Оборудование для удаления пыли, образующейся в воздухе в результате потока пропанта в процессе гидроразрыва пласта.

第六章　储层改造现场实施

Часть VI. Осуществление интенсификации притока методом гидроразрыва пласта

施工准备

Подготовка к проведению работы

井场布置（well-site layout）　根据井位所处自然环境、设备类型和技术要求，布置井场及储层改造设备。

Обустройство буровой площадки. Обустройство буровой площадки и оснащение оборудованием для интенсификации притока в соответствии с природными условиями месторасположения скважины, видами оборудования и техническими требованиями.

射孔完井（perforation completion）　在套管固井完井或尾管悬挂完井的油气井中，通过射孔建立井筒与地层之间流动通道的完井方法。

Заканчивание скважины перфорацией. Метод заканчивания скважины, направленный на создание канала между стволом скважины и пластом путем перфорации в нефтегазодобывающих скважинах, законченных цементированием обсадной колонны или подвесом хвостовика.

射孔方式（perforation type）　为实现射孔目的采用的作业方式，包括常规电缆输送射孔（WCP）、油管传输射孔（TCP）、电缆输送过油管射孔（TTP）等。

Способ перфорации. Способ операции, применяемый для достижения цели перфорации, включая традиционную перфорацию на кабеле (WCP), перфорацию на насосно-компрессорных трубах (TCP), перфорацию на кабеле через насосно-компрессорные трубы (TTP) и т.д.

电缆输送射孔（wireline conveyed perforation，WCP）　用电缆把射孔器输送到射孔的目的层，进行定位射孔的工艺。	Перфорация на кабеле.　Технология, которая использует геофизический кабель для спуска перфоратора в целевой пласт для проведения локализованной перфорации.
油管传输射孔（tubing conveyed perforation，TCP）　用油管把射孔器输送到射孔的目的层，进行定位射孔的工艺。	Перфорация на насосно-компрессорных трубах.　Технология, которая использует насосно-компрессорные трубы для спуска перфоратора в целевой пласт для проведения локализованной перфорации.
电缆输送过油管射孔（through tubing perforation，TTP）　用电缆通过油管把射孔器输送到射孔的目的层，进行定位射孔的工艺。	Перфорация на кабеле через насосно-компрессорные трубы.　Технология, которая использует кабель через насосно-компрессорные трубы для спуска перфоратора в целевой горизонт для локализованной перфорации.
射孔孔眼磨蚀（perforation hole abrasion）　压裂过程中，支撑剂高速通过射孔孔眼，致使孔眼变大、变形的现象。	Трение в перфорационном отверстии.　Явление расширения и деформации перфорационного отверстия в результате скоростного прохождения пропанта через перфорационное отверстие в процессе гидроразрыва пласта.
正压射孔（overbalanced perforation）　井内静液柱压力高于射孔层压力条件下的射孔。	Перфорация на репрессии.　Перфорация при гидростатическом давлении в стволе скважины выше пластового давления в горизонте перфорации.
负压射孔（underbalanced perforation）　井内静液柱压力低于射孔层压力条件下的射孔，也称欠平衡射孔。	Перфорация на депрессии.　Перфорация при гидростатическом давлении в стволе скважины ниже пластового давления в горизонте перфорации, также известная как перфорация с отрицательным давлением.

螺旋射孔（spiral perforation） 孔眼排布呈螺旋状的射孔方式。

Спиральная перфорация. Способ перфорации со спиральным расположением отверстий.

定面射孔（plane perforation） 采用特殊布弹方式，在垂直于套管轴向同一横截面的内壁圆周上形成多个孔眼的射孔工艺，能有效控制井筒附近的裂缝形态，降低地层破裂压力。

Плоская перфорация. Технология перфорации с применением специального способа размещения зарядов для формирования множественных отверстий в окружности внутренней стенки по одному и тому же поперечному сечению, перпендикулярном осевому направлению обсадной колонны, которая позволяет эффективно контролировать морфологию трещин в близости ствола скважины и снизить давление разрыва пласта.

定向射孔（oriented perforation） 根据完井目的对孔眼方向的需求，使射孔弹沿着确定方位发射的射孔工艺。

Направленная перфорация. Технология перфорации, в которой заряд перфоратора запускается по определенному азимуту в соответствии с требованиями цели заканчивания скважины к направлению отверстия.

相位角（phase angle） 射孔完成井在同一断面内相邻孔眼之间的径向夹角。

Фазовый угол. Радиальный угол между соседними отверстиями в одном разрезе скважины, законченной перфорацией.

射孔效率（perforation efficiency） 与地层有效连通的孔眼数与总孔眼数的比值。

Эффективность перфорации. Отношение количества отверстий, эффективно сообщаемых с пластом, к общему количеству отверстий.

在线混配（continuous blending） 在压裂施工过程中，利用连续混配车与施工同步进行的配液工艺，又称连续混配。

Непрерывное смешивание. Технология приготовления жидкости, синхронно проводящаяся во время гидроразрыва пласта с использованием потоковой машины для смешивания добавок в процессе гидроразрыва пласта.

批量混配(batch blending) 在压裂或酸化施工前,分批配制好压裂液或酸液的配液工艺。

Периодическое смешивание. Технология периодического приготовления жидкости гидроразрыва или кислотного раствора перед началом работы по гидроразрыву пласта или кислотной обработке.

封隔器试压(packer pressure test) 封隔器坐封后对其进行的稳压测试工作,以测试封隔器的密封性能。

Опрессовка пакера. Испытание на стабилизацию давления пакера, проводящееся после посадки пакера для испытания на герметическое качество пакера.

井筒试压(wellbore pressure test) 用泵注设备从地面向井筒内打压,通过稳压测试验证井筒是否存在窜漏的工艺。

Опрессовка ствола скважины. Технология, в которой с помощью насосного оборудования нагнетают с поверхности земли в ствол скважины давление, проводя испытание на стабилизацию давления для проверки отсутствия прорыва и поглощения в стволе скважины.

探砂面(sand level survey) 下入管柱实探井内砂面深度的施工。

Измерение уровня глубины песка. Спуск колонны для определения уровня глубины песка в скважине.

通井(wiper trip) 下入专用通井规工具和管串,对井筒井径进行检查的作业。

Шаблонировка. Операция спуска специального проходного шаблона и колонны труб для проверки диаметра ствола скважины.

套管刮削(casing scraping) 下入套管刮削器工具,清除套管内壁上的水泥、硬蜡、盐垢及炮眼毛刺等杂物的作业。

Скреперование обсадных труб. Операция спуска колонного скребка для очистки внутренних стенок обсадных труб от остатков цемента, твердого парафина, отложения солей, перфорационных заусенцев и других примесей.

水马力配置（hydraulic horsepower configuration） 根据功率要求配置设备。

Обеспечение гидравлической мощности. Оснащение оборудованием в соответствии с требованиями мощности.

验封（sealing check） 将验封仪器下入验封层位工作筒后，在地面进行开井、关井的重复操作，对封隔器的坐封效果进行验证的工艺。

Проверка герметичности. Технология, заключающаяся в том, что после спуска прибора для проверки герметичности в рабочий цилиндр целевого горизонта повторяют операции открытия и закрытия скважины с поверхности земли с целью проверки эффективности герметизации пакером.

施工

Проведение работы

排空试运行（evacuation test run） 在正式施工之前，启动泵车，排空高压管线内的气体，对整个流程预先测试一段时间，并及时处理存在问题后，再正式运行的过程。

Предварительное испытание. Процесс, заключающийся в том, что перед началом официальной работы, запустив насосную установку, опорожнив линию высокого давления, испытают процесс в течение некоторого времени и своевременно решают выявленные проблемы, после чего вводят в официальную эксплуатацию.

地面试压（surface pressurizing test） 排空试运行后，关闭排空阀，继续泵注达到一定压力，稳定一定时间后，检查井口总阀门以上部位及高压管线系统连接部位密封情况的过程。

Испытание под давлением на устье скважины. Процесс проверки герметичности выше общей задвижки на устье скважины и в местах соединений систем нагнетательной линии после предварительного испытания и закрытия выпускного клапана с продолжением нагнетания для достижения определенного давления и стабилизации в течение некоторого времени.

施工限压（pressure limit）　储层改造施工的井口及高压管汇最高压力限制。

Предельное давление. Максимальный предел давления на устье скважины и в манифольде высокого давления при интенсификации притока.

平衡压力（balance pressure）　压裂施工中，为了保持封隔器上下压差在封隔器承压范围内，在套管中泵入的附加压力。

Равновесное давление. Дополнительное давление, нагнетаемое в обсадные трубы в диапазоне опорного давления пакера с целью поддерживания перепада давления на пакер в процессе гидроразрыва пласта.

限压保护（over pressure protection）　当泵入压力达到设备设定的施工限压时，压裂设备自动停车以保护井口施工安全的措施。

Защита от превышения давления. Мероприятие для защиты безопасности работы на устье скважины путем автоматической остановки оборудования для гидроразрыва пласта при достижении давлением закачки заданного предела рабочего давления оборудования.

地面施工压力（surface operation pressure）　储层改造施工过程中，在地面高压管汇上监测的压力。

Рабочее давление на поверхности. Давление, измеренное на наземном манифольде высокого давления в процессе интенсификации притока.

油套混注（mixed injection through annulus and tubing）　通过油管和油管与套管环形空间同时注液的方式。

Одновременная закачка в затрубное и трубное пространство. Способ одновременной закачки жидкости через насосно–компрессорные трубы и затрубное пространство.

油管注入（tubing injection）　通过油管注入工作液的工艺。

Закачка через насосно–компрессорную трубу. Технология закачки рабочей жидкости через насосно–компрессорные трубы.

套管注入（casing injection）　通过套管注入工作液的工艺。

Закачка через обсадную колонну. Технология закачки рабочей жидкости через обсадные трубы.

环空注入（annular injection） 通过油套环空注入工作液的工艺。

Закачка в затрубное пространство. Технология закачки рабочей жидкости через затрубное пространство.

反替（reverse displacement） 从油套环空向井筒内注入工作液，液体从环空进到油管从井口替出来的工艺。

Обратное вытеснение. Технология, в которой рабочая жидкость закачивается в ствол скважины через затрубное пространство, а жидкость поступает из затрубного пространства в насосно-компрессорные трубы и вытесняется из устья скважины.

泵送桥塞（pumping bridge plug） 利用液体泵注方式将桥塞输送至预定层位，通过电点火、爆炸、坐封和丢手的工艺来完成对下部层位封堵的过程。

Подача мостовой пробки. Процесс изоляции нижележащего горизонта с применением таких технологий, как электрическое зажигание, взрыв, посадка и развинчивание инструмента после подачи мостовой пробки в заданный горизонт путем закачки жидкости.

分簇射孔（multiple-cluster perforation） 通过泵送桥塞，输送射孔装置，在同一压裂层段中逐次射开若干小段的射孔工艺。

Кластерная перфорация. Технология последовательного перфорирования нескольких участков в одном интервале гидроразрыва путем закачки мостовой пробки и подачи перфорационной установки.

加砂（sanding） 将支撑剂从储砂罐输送到混砂罐的过程。

Добавление песка. Процесс подачи пропанта из емкости для хранения песка в пескосмесительную емкость.

顶替（displacement） 压裂或酸化施工后期，将井筒内携砂液或酸液推送到油层部位的工艺过程。

Вытеснение. Технологический процесс продвижения жидкости-песконосителя или кислотного раствора в стволе скважины в нефтяной пласт в поздней стадии гидроразрыва пласта или кислотной обработки.

砂堵(sand plugging) 在压裂过程中,支撑剂堆积在缝口处,导致液体流动通道堵塞且井口压力急剧上升的现象。

Песчаная пробка. Явление закупорки канала потока жидкости и резкого повышения давления на устье скважины из–за отложения пропанта в устье трещины в процессе гидроразрыва пласта.

过顶替(over displacement) 顶替液量超过井筒容积的过程。

Избыточное вытеснение. Процесс, в котором количество продавочной жидкости выходит за пределы вместимости ствола скважины.

钻铣桥塞(drilling and milling bridge plug) 使用马达及钻铣工具通过钻磨把可钻桥塞钻除,实现井筒通顺的过程。

Разбуривание и фрезерование мостовой пробки. Процесс бурения и удаления разбуриваемой мостовой пробки с использованием двигателей и бурильных и фрезерных инструментов для получения ровного ствола скважины.

破裂压力(breakdown pressure) 在压裂液注入后,地层发生起裂的井底压力。

Давление гидроразрыва. Забойное давление, при котором в пласте зарождается трещина после закачки жидкости гидроразрыва.

瞬时停泵压力(instantaneous shut–in pressure) 水力压裂施工停泵时刻的井底压力。

Мгновенное давление после закрытия устья. Забойное давление в момент остановки насоса при гидроразрыве пласта.

同步压裂(synchronous fracturing) 同时对两口或两口以上的邻井进行压裂。

Синхронный гидроразрыв. Гидроразрыв пласта, проводимый одновременно в двух или более соседних скважинах.

拉链压裂(zipper fracturing) 将两口距离较近的井,井口压裂流程连接,通过分流管汇实现流程转换,共用一套压裂车组进行不间断地交替分段压裂的工艺。

Цепной гидроразрыв. Технология, когда соединяются две скважины с более коротким расстоянием, используется процесс гидроразрыва на устье скважин, с помощью отводного манифольда осуществляется переключение процесса, и с использованием одной установки для гидроразрыва пласта на базе грузовика проводится непрерывный чередующийся поинтервальный гидроразрыв пласта.

工厂化压裂(factory fracturing) 按照流程化作业集中对多口井批量进行交叉或同步压裂的作业模式。

Гидроразрыв на модели объекта. Режим работы по чередующемуся или синхронному гидроразрыву пласта на нескольких скважинах в соответствии с потоками операций.

施工曲线(pumping curve) 储层改造施工中,仪表车中实时采集的泵注压力、施工排量及加砂浓度等施工参数与时间的关系曲线。

Кривая параметров при проведении гидроразрыва пласта. Кривая зависимости давления закачки, рабочего расхода, концентрации пропанта в жидкости гидроразрыва и других рабочих параметров, собранных приборным агрегатом в реальном времени, от времени в процессе интенсификации притока методом гидроразрыва пласта.

压后返排

Дренаж после гидроразрыва

裂缝闭合(fracture closure) 压裂施工后,随着压裂液的滤失,裂缝内压力下降,导致裂缝闭合的现象。

Закрытие трещин. Явление закрытия трещины из-за падения давления в трещине по мере фильтрационной потери жидкости гидроразрыва после гидроразрыва.

闷井(well soaking) 大规模压裂液注入地层后,关井一定时间,压裂液与油气发生渗吸置换的过程。

Паропропитка скважины. Процесс впитывания и вытеснения нефти и газа жидкостью гидроразрыва в течение определенного периода времени после закрытия скважины и закачки в пласт большого количества жидкости гидроразрыва.

返排（flow back）　压裂液或酸液注入地下完成改造目的后，压裂液破胶液或残酸返回排出到地面的过程。

Дренаж.　Процесс выхода жидкости гидроразрыва после разрушения геля или остаточной кислоты на поверхность земли после достижения цели интенсификации притока закачкой жидкости гидроразрыва или кислотного раствора в пласт.

强制裂缝闭合返排（forced fracture closure and flow back）　压裂后立即有控制地进行压裂液返排，使裂缝快速闭合，避免出砂，最大限度地使压裂目的层段获得有效支撑的强制返排，减少压裂液在地层中的停留时间，降低储层的二次伤害，保持裂缝较高导流能力的工艺过程。

Дренаж с принудительным закрытием трещины.　Технологический процесс немедленного, принудительного и контролируемого дренажа жидкости гидроразрыва из пласта после завершения гидроразрыва пласта для быстрого закрытия трещины во избежание выноса песка и максимального обеспечения эффективного удерживания целевого пласта гидроразрыва пропантом, а также для уменьшения времени пребывания жидкости гидроразрыва в пласте, чтобы уменьшить вторичное повреждение пласт-коллектора и сохранить более высокую проводимость трещины.

支撑剂回流（proppant backflow）　在压裂液返排过程中，部分处于悬浮或未夹紧状态的支撑剂随着压裂液一起返排出裂缝的现象。

Обратный вынос пропанта.　Явление выхода из трещины части взвешенного или не зажатого пропанта с жидкостью гидроразрыва в процессе дренажа жидкости гидроразрыва.

返排率（flow back ratio）　压裂或酸化后返排液总量占压裂或酸化时注入地层总液量的百分比。

Коэффициент дренирования.　Процентное отношение общего количества обратной жидкости после гидроразрыва пласта или кислотной обработки к общему количеству жидкости, закаченной в пласт при гидроразрыве пласта или кислотной обработке.

抽汲返排(swabbing flow back) 利用抽子在油管内上提下放将井筒内液体逐步抽至地面的返排工艺。

Дренаж свабированием. Технология дренажа, в которой жидкость постепенно выкачивается из ствола скважины на поверхность земли путем подъема и спуска насоса на насосно-компрессорных трубах.

气举返排(gas-lifting flow back) 由地面注入高压气,将无自喷能力的油气井内液体举出地面的返排工艺。

Дренаж газлифтным способом. Технология дренажа, в которой жидкость поднимается на поверхность земли из нефонтанной нефтегазовой скважины путем нагнетания с поверхности земли в скважину газа с высоким давлением.

质量控制

Контроль качества

移动实验室(mobile laboratory) 配备有常规测试仪器设备,可以移动到井场用于现场质量控制的实验室。

Мобильная лаборатория. Лаборатория с обычными испытательными приборами и оборудованием, которую можно переместить на буровую площадку для контроля качества на месте.

压裂液质量控制(quality control of fracturing fluid) 利用仪器设备,对配液用水、压裂液添加剂、压裂液样品进行性能测试,确保产品及液体性能质量。

Контроль качества жидкости гидроразрыва. Проведение испытаний по определению рабочих характеристик воды для приготовления растворов, добавок для жидкости гидроразрыва и образцов жидкости гидроразрыва с использованием приборов и оборудования для обеспечения характеристик и качества продуктов и жидкостей.

基液黏度测试(base fluid viscosity test) 在常温条件下,用黏度计测试增稠或交联的压裂液或酸液基液的黏度。

Испытание на вязкость основной жидкости. Проведение испытаний для проверки вязкости загущенной или сшитой жидкости гидроразрыва или кислотного раствора с помощью вискозиметра в условиях нормальной температуры.

交联时间（crosslinking time） 在压裂液基液中加入交联剂，形成冻胶或凝胶所需的时间。

Время сшивания. Время, необходимое для формирования геля после добавления сшивающего агента в основную жидкость для жидкости гидроразрыва.

旋涡封闭法（vortex sealing method） 盛有一定基液的混调器中，在一定转速条件下，形成漩涡见底，测定交联剂加入后至漩涡闭合所对应的交联时间的测试方法。

Метод закрытия в вихревой камере. Метод тестирования, заключающийся в том, что в смесителе с определенным количеством основной жидкости формируют вихрь до дна при определенной скорости вращения и измеряют время сшивания от добавления сшивающего агента до закрытия вихря.

挑挂法（overhanging method） 将交联剂加入基液中，开始计时并连续搅拌，直到压裂液可挑挂时所对应交联时间的测试方法。

Метод зависания жидкости гидроразрыва. Метод тестирования, заключающийся в том, что добавляют сшивающий агент в основную жидкость и начинают отсчет времени, не прекращая перемешивать, доводят жидкость гидроразрыва до состояния пика загустения, когда жидкость гидроразрыва не растекается, определяют время сшивания.

交联时间控制（crosslinking time control） 在压裂液中加入一定量的延迟交联剂或pH值调节剂，实现交联时间可控的方法。

Контроль времени сшивания. Метод, заключающийся в том, что в жидкость гидроразрыва добавляется определенное количество смешивающего агента замедленного действия или регулятора значения pH для осуществления контроля времени сшивания.

液体取样（fluid sampling） 对压裂液、酸液、返排液等进行取样，用于后续监测、检测和分析的工作流程。

Отбор пробы жидкости. Процесс работы, в котором выполняется отбор проб жидкости гидроразрыва, кислотного раствора и обратной жидкости для последующего мониторинга, контроля и анализа.

水质检测（water quality checking） 对压裂、酸化配液用水取样并进行水质分析，确保配液用水达到水质标准。

Проверка качества воды. Отбор проб воды для приготовления рабочих жидкостей для гидроразрыва пласта и кислотной обработки и проведение анализа качества воды в целях обеспечения соответствия стандартам качества воды для приготовления рабочих жидкостей.

酸液质量控制（acid quality control） 利用仪器设备，对配液用水、酸液添加剂、酸液样品进行性能测试，确保产品及液体性能质量。

Контроль качества кислотного раствора. Использование приборов и оборудования для проведения испытаний по определению рабочих характеристик воды для приготовления кислотного раствора, добавок к кислотному раствору и образца кислотного раствора в целях обеспечения характеристик и качества продуктов и жидкостей.

第七章　储层改造测试与评估

Часть VII. Испытания и оценка интенсификации притока методом гидроразрыва пласта

测试压裂

Тестовые закачки при гидроразрыве пласта

测试压裂(mini fracturing)　在主压裂前进行的小规模压裂。通过分析测试压裂压力,可以获得目的层的破裂压力,水力裂缝的延伸压力、闭合压力和闭合时间以及液体的综合滤失系数和效率等相关参数,为主压裂的设计调整与实施提供依据。

Тестовые закачки при гидроразрыве пласта. Гидроразрыв пласта в узких масштабах, проводимый перед основным гидроразрывом. Путем анализа давления тестовых закачек можно получить соответствующие параметры, такие как давление разрыва целевого пласта, давление распространения, давление закрытия и время закрытия трещин гидроразрыва, комплексный коэффициент фильтрации и эффективность применения жидкости, представляя основание для корректировки дизайна и реализации основного гидроразрыва пласта.

阶梯升排量测试(step up pumping rate test)　在测试压裂中,采用阶梯提升排量的泵注方式,根据压力与排量的关系,求取水力裂缝延伸压力的测试方法。

Тест со ступенчатым увеличением расхода. Метод тестирования, заключающийся в том, что при тестовых закачках применяют способ закачки со ступенчатым увеличением расхода и в соответствии с зависимостью между давлением и расходом получают давление распространения трещин гидроразрыва.

阶梯降排量测试(step down pumping rate test) 在测试压裂中,采用阶梯降低排量的泵注方式,根据压力与排量的关系,求取近井裂缝弯曲摩阻、射孔孔眼摩阻等参数的测试方法。

Тест со ступенчатым снижением расхода. Метод тестирования, заключающийся в том, что при тестовых закачках применяют способ закачки со ступенчатым снижением расхода, и в соответствии с зависимостью между давлением и расходом получают сопротивление трению при изгибе трещин в прискважинной зоне и сопротивление перфорации.

压降测试(pressure decline test) 压裂停泵后继续监测一定时间内压力变化,求取闭合压力、闭合时间、综合滤失系数和液体效率等参数的测试方法。

Тест на перепад давления. Метод тестирования, заключающийся в том, что продолжают мониторинг изменений давления в течение определенного периода времени после остановки насоса при гидроразрыве пласта для получения давления закрытия и времени закрытия трещин, комплексного коэффициента фильтрации и эффективности применения жидкости.

双对数曲线分析(double logarithmic curve analysis) 利用施工过程中裂缝净压力与时间双对数关系曲线,分析缝高延伸受限或失控、缝内砂堵、裂缝停止延伸等裂缝扩展状态。

Анализ двойной логарифмической кривой. Использование двойной логарифмической кривой зависимости между эффективным давлением трещины и временем в процессе работы для анализа ограниченного либо неконтролируемого распространения трещины по высоте, наличия песчаных пробок в трещине, прекращения распространения трещины и другого состояния распространения трещины.

时间平方根曲线分析（square root time curve analysis）　利用停泵后井底压力与时间平方根的关系曲线，求取裂缝闭合压力、闭合时间等参数。

Анализ временной кривой методом наименьших квадратов. Использование кривой зависимости между забойным давлением после остановки насоса и квадратным корнем из времени для получения давления закрытия и времени закрытия трещины.

G 函数曲线分析（*G*–function curve analysis）　利用停泵后井底压力随 *G* 函数时间变化的关系曲线，求取裂缝闭合压力、闭合时间等参数，判断滤失类型，评估天然裂缝发育程度和裂缝延伸状态等。

Анализ кривой методом *G*–функции. Использование кривой изменения забойного давления после остановки насоса от времени *G*–функции для получения давления закрытия и времени закрытия трещины, определения типа фильтрации и оценки степени развития природных трещин и состояния распространения трещин.

G 函数叠加导数（*G*–function superposition derivative）　停泵后的井底压力对 *G* 函数时间导数与 *G* 函数的乘积。

Производная суперпозиции *G*–функций. Произведение производной от забойного давления после остановки насоса по времени *G*–функции на *G*–функцию.

G 函数叠加导数曲线分析（*G*–function superposition derivative curves analysis）　利用 *G* 函数叠加导数与时间的关系曲线，求取裂缝闭合压力、闭合时间等参数，判断滤失类型，评估天然裂缝发育程度和裂缝延伸状态等的过程。

Анализ кривой производной суперпозиции *G*–функций. Процесс, в котором кривая зависимости производной суперпозиции *G*–функций от времени используется для получения давления закрытия и времени закрытия трещины, определения типа фильтрации и оценки степени развития природных трещин и состояния распространения трещин.

液体效率(liquid efficiency) 停泵时，裂缝内的液体体积与注入压裂液的总体积之比，又称压裂液利用效率。

Эффективность применения жидкости. Отношение объема жидкости в трещине при остановке насоса к общему объему закаченной жидкости гидроразрыва, также известное как эффективность применения жидкости гидроразрыва.

裂缝闭合时间(fracture closure time) 从水力压裂结束到水力裂缝完全闭合所需要的时间。

Время закрытия трещины. Время от завершения гидроразрыва пласта до полного закрытия трещины гидроразрыва.

裂缝闭合压力(fracture closure pressure) 水力压裂结束后，张开的水力裂缝闭合时的井底压力。

Давление закрытия трещины. Забойное давление в момент закрытия раскрытой трещины гидроразрыва после завершения гидроразрыва пласта.

裂缝延伸压力(fracture extension pressure) 在压裂过程中，地层破裂后，使裂缝不断向前延伸所需要的井底压力。

Давление распространения трещины. Забойное давление, необходимое для продолжения распространения трещин после разрушения пласта в процессе гидроразрыва пласта.

井筒摩阻(wellbore friction) 液体在井筒中流动产生的摩擦阻力。

Сопротивление трению в стволе скважины. Сопротивление трению, создаваемое потоком жидкости в стволе скважины.

近井弯曲摩阻(near wellbore tortuosity friction) 由于近井地带裂缝的不规则性(多裂缝、裂缝扭曲等)造成压裂液流经时所产生的额外流动阻力。

Сопротивление трению при изгибе трещин в прискважинной зоне. Дополнительное сопротивление течению, создаваемое при прохождении жидкости гидроразрыва, вызванное иррегулярностью трещин (множество трещин, изгиб трещин и т.д.) в прискважинной зоне.

孔眼摩阻(perforation friction)　液体流经射孔孔眼所产生的摩擦阻力。

Сопротивление перфорации. Сопротивление трению, создаваемое потоком жидкости через перфорационное отверстие.

裂缝监测

Мониторинг трещин

微地震监测

Микросейсмический мониторинг

微地震监测(microseismic monitoring)　通过观测、分析压裂过程中产生的微小地震事件来评价裂缝延伸方向、几何形态等特征的地球物理技术,包括地面监测和井中监测。

Микросейсмический мониторинг. Геофизическая технология, в которой наблюдаются и анализируются микросейсмические события, происшедшие в процессе гидроразрыва пласта, для оценки направления распространения, геометрии и других характеристик трещин, включая поверхностный мониторинг и внутрискважинный мониторинг.

微地震地面监测(surface microseismic monitoring)　利用地面铺设地震波检波器进行的微地震监测。

Поверхностный микросейсмический мониторинг. Микросейсмический мониторинг, проводимый с помощью размещенных на поверхности земли приемников сейсмических волн.

微地震井中监测(downhole microseismic monitoring)　在压裂井附近的一口或多口监测井中布设地震波检波器进行的微地震监测。

Внутрискважинный микросейсмический мониторинг. Микросейсмический мониторинг, проводимый с помощью приемников сейсмических волн, размещенных в одной или нескольких скважинах рядом со скважиной, в которой проводится гидроразрыв пласта.

微地震事件（microseismic event） 一个相对独立的岩石破裂能量释放过程，在微地震记录上表现为符合一定旅行时规律、波形特征明显，能够区别于其他干扰源的振动信号（纵波或横波）。

Микросейсмический признак. Относительно независимый процесс высвобождения энергии разрыва горных пород, который в микросейсмической записи выражается как вибросигнал (продольную или поперечную волну), который соответствует определенному закону времени пробега, имеет отчетливые динамические особенности волны и может отличаться от других источников помех.

校验信号（calibration shot） 在已知时间和位置激发人工震源得到的地震信号。

Калибровочное возмущение. Сейсмический сигнал, полученный возбуждением искусственных источников сейсмических сигналов в известное время и в известном местоположении.

微地震事件波形（microseismic waveform） 微地震事件发生后，波场随时间传播到空间某一位置引起该点介质振动的振幅曲线形态。

Форма микросейсмической волны. Морфология амплитудной кривой, сформированной распространением волнового поля со временем в какое-то местоположение в пространстве и вызыванием вибрации среды в этой точке после происхождения микросейсмического события.

微地震震级（microseismic magnitude） 岩石破裂时释放出小于里氏 0 级的能量。

Микросейсмическая магнитуда. Энергия силой менее чем в 0 баллов по шкале Рихтера, высвобожденная при разрушении горных пород.

裂缝刻画（fracture characterization） 根据微地震事件发生时间、分布位置、震源机制等描述裂缝三维空间形态的方法。

Характеристика трещины. Метод описания трехмерной пространственной морфологии трещины в соответствии со временем происхождения микросейсмических событий, местоположением распределения, механизмом формирования нарушения и т.д.

微地震事件定位(microseismic event location) 根据微地震观测方式和微地震信号的初至、信噪比及波形特征进行定位的过程。

Локализация микросейсмических признаков. Процесс проведения локализации в соответствии со способом сейсмического наблюдения, первым вступлением, отношением сигнал–помеха и особенностями волны микросейсмических сигналов.

噪声干扰(noise interference) 压裂过程中,采集到的微地震数据中掺杂着井筒波、背景噪声等干扰噪声,降低了微地震信号信噪比,甚至完全淹没有效信号的现象。

Шумовая помеха. Явление снижения отношения сигнал–помеха микросейсмических сигналов и полного заглушения эффективных сигналов, возникающее в процессе гидроразрыва пласта из–за шумовой помехи в собранных микросейсмических данных, такие как волны от стенок ствола скважины, фоновый шум и т.д.

滤波处理(filtering processing) 在采集到的微地震数据中采用保留有效微地震信号频带的方法压制噪声,有效突出微地震事件波形。

Фильтрация волн. Сохранение эффективных полос частот микросейсмических сигналов в собранных микросейсмических данных для подавления шумов и эффективного выделения волн микросейсмических событий.

微地震事件云图(microseismic event nephogram) 通过监测微地震事件绘制的成像图。

Карта по микросейсмическим признакам. Карта–изображение, созданная в результате контроля за микросейсмическими признаками.

B 值(B value) 界定断层活动相关的微地震事件的特征值。绘制微地震震级与对应震级事件数对数的散点图,线性回归后的斜率为 B 值。B 值接近 1 认为是断层活动相关的微地震事件。

Значение B. Характеристическое значение, различающее микросейсмические признаки, связанные со сбросовой деятельностью. Строится точечный график микросейсмической магнитуды и логарифма числа событий соответствующей магнитуды, а крутизна после линейной регрессии является значением B. Значение B приближается к 1, и считается, что микросейсмические события связаны со сбросовой деятельностью.

震源机制（focal mechanism） 储层改造诱发地下岩石破裂和错动的力学过程。

Механизм фокусировки. Механический процесс разрушения и смещения подземных горных пород под действием технологии интенсификации притока.

矩张量反演（moment tensor inversion） 微地震事件定位后，通过微地震位置和波形信息求取矩张量参数的过程。

Инверсия тензора моментов. Процесс получения параметров тензора моментов с помощью информации о местонахождении и форме волны микросейсмических событий после их локализации.

测斜仪裂缝监测

Мониторинг трещин с помощью наклономеров

测斜仪裂缝监测（fracture monitoring with tiltmeter） 通过在地面或邻井中布置一组测斜仪，测量压裂引起的地层变形场，经过模型反演确定裂缝参数的测试方法。

Мониторинг трещин с помощью наклономеров. Метод тестирования, который использует группу наклономеров, расположенных на поверхности земли или в соседней скважине, для измерения деформационного поля пласта, вызванного гидроразрывом пласта, и определения параметров трещин после инверсии модели.

地面测斜仪裂缝监测（surface tiltmeter fracture monitoring） 以压裂层段在地面上的投影为中心，在压裂层段垂直深度的25%～75%为半径的圆环范围内，随机布置地面测斜仪，进行裂缝监测的测试方法，用以确定裂缝方位、复杂度等参数。

Мониторинг трещин с помощью наземных наклономеров. Метод тестирования для определения азимута и сложности трещин, в котором случайным образом располагаются поверхностные наклономеры в пределах кольца радиусом в диапазоне 25%–75% от вертикальной глубины интервала гидроразрыва вокруг проекции интервала гидроразрыва на поверхности земли для проведения мониторинга трещин.

井下测斜仪裂缝监测（downhole tiltmeter fracture monitoring） 在压裂井的邻井（井斜角不超过 8°）下入覆盖压裂目的层及缝高延伸范围的测斜仪，进行裂缝监测的测试方法，用以确定裂缝高度、长度等参数。

Мониторинг трещин с помощью скважинных наклономеров. Метод тестирования для определения высоты и длины трещин, в котором для мониторинга трещин спускают в скважину (с углом кривизны не более 8°), соседнюю со скважиной, в которой проводится гидроразрыв пласта, наклономеры, охватывающие целевой пласт гидроразрыва и диапазон распространения трещин по высоте.

测斜仪压裂监测设备（tiltmeter monitoring equipment） 用于测定水力裂缝引起的地层倾斜的监测仪器，包括电子罗盘、数字存储和传输器、模拟放大器、调平马达、传感器等，最高精度可达 10^{-9}rad。

Наклонометрическое оборудование для мониторинга гидроразрыва пласта. Контрольный прибор для измерения падения пласта, вызванного трещинами гидроразрыва, включающий в себя электронный компас, цифровое запоминающее устройство и устройство передачи цифровой информации, аналоговый усилитель, балансирный двигатель, датчики и т.д., с максимальной точностью до 10^{-9} рад.

测斜仪降噪（noise reduction of tilt data） 采用滤波和噪声对消等技术减少月球引力周期性变化对测斜仪的影响。

Шумоподавление для наклономера. Применение методов, таких как фильтрация волн и подавление шумов для уменьшения влияния периодического изменения лунного притяжения на наклономер.

水力裂缝变形场（hydraulic fracture deformation field） 水力裂缝引起的地层变形量、形变方位等的三维空间分布。

Деформационное поле трещины гидроразрыва. Трехмерное пространственное распределение величины деформации пласта и азимута деформации, вызванных трещиной гидроразрыва.

水力裂缝垂直分量、水平分量（vertical/horizontal component of hydraulic fracture） 通过水力裂缝变形场反演，将水力裂缝正交分解成相互垂直的两个分裂缝，垂直于水平面的分裂缝是水力裂缝垂直分量，平行于水平面的分裂缝是水力裂缝水平分量。

Вертикальная/горизонтальная составляющая трещины гидроразрыва. В результате инверсии поля деформации трещины гидроразрыва ортогонально раскладываются на две взаимно перпендикулярные трещины, среди которых трещина, перпендикулярная горизонтальной плоскости, является вертикальной составляющей трещины гидроразрыва, а трещина, параллельная горизонтальной плоскости, является горизонтальной составляющей трещины гидроразрыва.

多裂缝发育系数（multiple fracture propagation coefficient） 用测斜仪监测时，解释的裂缝容积与实际施工注入的总体积之比，该值越大，表明裂缝条数越多，多裂缝发育程度越高。

Коэффициент развития множества трещин. Отношение интерпретированной вместимости трещины при мониторинге трещин наклономерами к фактическому объему закачки во время работы. Чем больше это значение, тем больше количество трещин, и тем выше степень развития множества трещин.

分量体积差异率（component volume variance rate） 用测斜仪监测时，解释的裂缝水平分量与垂直分量体积差的绝对值与裂缝总体积的比值。

Коэффициент разности объемов составляющих. Отношение абсолютного значения разности объемов интерпретированных горизонтальной и вертикальной составляющих трещины к общему объему трещины при мониторинге трещин наклономерами.

裂缝复杂指数（fracture complexity index） 用测斜仪监测时，描述裂缝复杂程度的参数，数值上等于1减去分量体积差异率，通常该值在0~1范围内，越接近于1，裂缝的复杂度越高。

Индекс сложности трещины. Параметр описания сложности трещин при мониторинге трещин наклономерами, численно равный 1 за вычетом коэффициента разности объемов составляющих. Как правило, это значение составляет от 0 до 1. Чем ближе оно к 1, тем сложнее трещина.

分布式光纤监测

分布式光纤监测（distributed optic fiber monitoring） 利用光纤传感技术进行声波、温度、应变等多参量数据实时监测，实现对目标井的剖面动用程度、压裂施工等实时采集和压裂过程或压后生产的评估和储层改造效果评估的方法。

分布式光纤压裂监测（fracture monitoring with distributed optic fiber） 在储层改造过程中，利用光纤传感技术进行声波、温度、应变等多参量数据实时监测，实现对压裂作业指导和储层改造效果评估的方法。

Распределенный волоконно-оптический мониторинг

Распределенный волоконно-оптический мониторинг. Метод, применяющий волоконно-оптические сенсорные технологии для мониторинга многопараметрических данных, таких как акустические волны, температура и деформация, в режиме реального времени с целью осуществления сбора данных о степени вовлечения разреза целевой скважины и данных о выполнении работ по гидроразрыву пласта в реальном времени, а также оценки процесса гидроразрыва пласта или добычи после гидроразрыва пласта и оценки эффективности интенсификации притока.

Распределенный волоконно-оптический мониторинг гидроразрыва пласта. Метод, применяющий волоконно-оптические сенсорные технологии в процессе интенсификации притока для мониторинга многопараметрических данных, таких как акустические волны, температура и деформация, в режиме реального времени с целью осуществления руководства работами по гидроразрыву пласта и оценки эффективности интенсификации притока.

分布式光纤生产动态监测（dynamic production monitoring with distributed optic fiber） 在油气生产过程中，利用光纤传感技术进行声波、温度、压力、应变、流体类型等参数长期监测，实现对油气藏生产动态的分析和描述的方法。

Распределенный волоконно-оптический мониторинг динамики добычи. Метод, применяющий волоконно-оптические сенсорные технологии в процессе добычи нефти и газа для долгосрочного мониторинга параметров, таких как акустические волны, температура, давление, деформация и тип жидкости, с целью осуществления анализа и описания динамики добычи залежей нефти и газа.

同井DAS[1]压裂监测（co-well DAS fracturing monitoring） 在施工井中布置光纤，利用光纤中各个空间位置分布式相干瑞利散射光信号的相位变化，获取地震波/声波振幅、频率、相位等参数，用于评价压裂效果的监测方法。

Мониторинг гидроразрыва пласта методом распределенного акустического датчика в одной скважине. Метод мониторинга, когда в скважине проводится гидроразрыв пласта, размещают оптоволокна и используют фазовые изменения сигналов распределенного когерентного рэлеевского рассеяния в различных пространственных положениях для получения таких параметров, как амплитуда, частота и фаза сейсмической/акустической волны, которые используются для оценки эффективности гидроразрыва пласта.

同井DTS[2]压裂监测（co-well DTS fracturing monitoring） 在施工井中布置光纤，利用光纤中各个空间位置分布式拉曼散射光信号强度，获取光纤周围介质的温度场分布，用于评价压裂效果的监测方法。

Мониторинг гидроразрыва пласта методом распределенного температурного датчика в одной скважине. Метод мониторинга, когда в скважине проводится гидроразрыв пласта, размещают оптоволокна и используют интенсивность сигналов распределенного комбинационного рассеяния в различных пространственных положениях в оптоволокне для получения распределения температурного поля среды вокруг оптоволокна для оценки эффективности гидроразрыва пласта.

[1] DAS—Ultra-sensitive distributed acoustic sensing seismograph.

[2] DTS—Distributed temperature sensing.

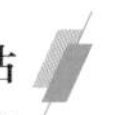

邻井DSS压裂监测（offset-well DSS fracturing monitoring） 在邻井布置光纤，利用光纤中各个空间位置分布式布里渊散射光信号强度，获取光纤周围介质的应变场分布，用于评价压裂效果的监测方法。

Мониторинг гидроразрыва пласта методом распределенного деформационного датчика в соседней скважине. Метод мониторинга, когда в соседней скважине размещают оптоволокна и используют интенсивность сигналов распределенного рассеяния Мандельштама–Бриллюэна в различных пространственных положениях в оптоволокне для получения распределения поля деформаций среды вокруг оптоволокна для оценки эффективности гидроразрыва пласта.

激光的脉冲宽度（laser pulse-width） 激光功率维持在一定值时所持续的时间。

Ширина лазерного импульса. Время, в течение которого мощность лазера поддерживается на определенном значении.

簇开启效率（cluster opening efficiency） 在给定的压裂段中形成裂缝的射孔簇数占总射孔簇数的百分比。

Эффективность активирования кластеров. Процентное отношение количества перфорированных кластеров с образованием трещин к общему количеству перфорированных кластеров в заданном интервале гидроразрыва.

各簇进液量、进砂量评价（evaluation of liquid and sand intake of each cluster） 在水平井分段多簇压裂中，通过光纤监测各簇的进液量与进砂量，以判断各簇的扩展程度。

Оценка количества поступающей в кластеры жидкости и песка. Проведение волоконно-оптического мониторинга поступления жидкости и песка в каждый кластер для оценки степени расширения кластеров при многостадийном кластерном гидроразрыве пласта в горизонтальной скважине.

暂堵效果评价（evaluation of temporary plugging effect） 在水平井分段多簇压裂中，通过光纤监测压裂各层段加入暂堵材料前后每簇的进液量与进砂量，以评价暂堵材料的封堵效果。

Оценка эффективности временного блокирования. Проведение волоконно-оптического мониторинга поступления жидкости и песка в каждый кластер до и после добавления агента временного блокирования в каждый интервал гидроразрыва для оценки изоляционной эффективности агента временного блокирования при многостадийном кластерном гидроразрыве пласта в горизонтальной скважине.

簇扩展均匀程度（cluster expansion uniformity） 通常用各簇进液量差异的大小来表征，进液量差异越小，均匀程度越高。

Равномерность расширения кластера. Обычно характеризуется величиной разности между кластерами в количестве поступающей жидкости. Чем меньше разность, тем выше степень равномерности.

簇间和井间干扰评价（evaluation of inter-cluster and inter-well interference） 对裂缝扩展受到相邻簇或邻井裂缝扩展的影响，发生偏转、交汇等程度的评价。

Оценка межкластерных и межскважинных помех. Оценка степени отклонения и пересечения распространения трещин под влиянием распространения трещин в соседнем кластере или соседней скважине.

其他监测方法

Другие методы мониторинга

大地电位法压裂监测（fracture monitoring with earth potential） 由于高矿化度压裂液的电阻率远小于地层介质的电阻率，水力裂缝延伸方向与其他方向上的地面电位变化不同，通过测量地面电位的变化，解释裂缝方位、长度等参数的方法。

Мониторинг гидроразрыва пласта методом измерения потенциала Земли. Метод интерпретации азимута, длины и других параметров трещин путем измерения изменений потенциала Земли в связи с тем, что сопротивление высокоминерализованной жидкости гидроразрыва значительно меньше, чем сопротивление пластовой среды, и изменения потенциала Земли в направлении распространения трещины гидроразрыва отличаются от изменений потенциала Земли в других направлениях.

可控源电磁压裂液追踪技术（controlled-source electro-magnetic fracturing monitoring） 泵注压裂液会改变储层的电磁场，通过检测储层岩石电阻和储层深度原始流体及导电性压裂液的电导率差异，实现单井或多井水力压裂过程中的压裂液动态范围监测。主要设备包括可控源电磁发射系统、电场传感器和数据采集解释系统。

Технология электромагнитного отслеживания жидкости гидроразрыва с регулируемым источником. Закачиваемая жидкость гидроразрыва может изменить электромагнитное поле пласт-коллектора, так что измерение сопротивления пород-коллекторов и разности в электропроводимости между первоначальной жидкостью в глубине пласт-коллектора и электропроводной жидкостью гидроразрыва позволяет осуществить мониторинг динамической области охвата жидкостью гидроразрыва в процессе гидроразрыва пласта на одной скважине или нескольких скважинах. Основное оборудование включает в себя систему электромагнитного излучения с регулируемым источником, датчик электрического поля и систему сбора и интерпретации данных.

井温测井水力裂缝监测（temperature logging fracture monitoring） 用井温测井仪器测量水力裂缝中压裂液引起的井筒内低温异常，确定水力裂缝高度的方法。压前测量的随深度变化的井温曲线为井温基线，压后井温曲线与之相比出现的温度降低现象为低温异常。

Мониторинг трещин гидроразрыва методом каротажа температуры скважины. Метод, когда используют прибор, для каротажа температуры скважины, для измерения низкотемпературных аномалий в стволе скважины, вызванных жидкостью гидроразрыва в гидравлических трещинах, чтобы определить высоту трещины гидроразрыва пласта. Кривая изменения температуры скважины с глубиной, измеренная до гидроразрыва пласта, является базисной линией температуры скважины, по сравнению с которой явление снижения температуры после гидроразрыва пласта является низкотемпературной аномалией.

示踪剂水力裂缝监测法（tracer fracture monitoring） 压裂过程中，在压裂液或支撑剂中加入示踪剂，通过监测压后示踪剂的分布来分析水力裂缝高度的方法。

Мониторинг трещин гидроразрыва с помощью индикаторов. Метод, заключающийся в том, что индикаторы помещаются в жидкость гидроразрыва или пропанта в процессе гидроразрыва пласта, а после гидроразрыва пласта проводится мониторинг распределения индикаторов для анализа высоты трещин гидроразрыва.

示踪陶粒裂缝监测（ceramic-tracing fracture detection） 压裂用陶粒中加入一定量的具有高中子俘获截面的材料，改变压裂前后补偿中子或脉冲中子测井的响应，测试支撑裂缝高度的方法。

Мониторинг трещин с помощью индикаторного керамзита. Метод, заключающийся в том, что определенное количество материала с высокой степенью захвата нейтронов добавляется в керамзит для гидроразрыва пласта с целью изменения показаний компенсированного нейтронного каротажа или импульсного нейтронного каротажа до и после гидроразрыва пласта для измерения высоты трещины, заполненной пропантом.

井下电视（downhole TV） 是指使用井下闭合回路电视的一种测井技术，将清洁的液体替换至井筒底部，用下井仪器直接观测井壁，可以直观地监测井下油管、套管或井壁的状况，利用数字图像处理技术和成像原理得出监测对象的形状和几何尺寸。可用于监测射孔孔眼大小、磨蚀状况和井眼变形情况等。

Скважинное сканирование. Под ним подразумевается технология каротажа скважины с использованием скважинного замкнутого телевидения, в которой чистую жидкость продвигают в забой ствола скважины и непосредственно наблюдают за стенками скважины с помощью скважинных приборов, так можно визуально контролировать состояние НКТ, обсадных труб или стенок скважины; получить форму и геометрические размеры объекта наблюдения с применением техники обработки цифровых изображений и принципа формирования изображений. Скважинное сканирование можно использовать для контроля размера перфорационного отверстия, абразивного износа, при деформации ствола скважины и т.д.

压裂矿场实验室（hydraulic fracturing test site，HFTS） 针对非常规油气，把部分室内实验和理论研究搬至现场和地下，集成应用先进的取心设计与实施，裂缝综合监测与评估技术，获取地下人工裂缝信息的现场实验基地。

Промысловая лаборатория гидроразрыва пласта. Полигон для полевых испытаний, нетрадиционной нефти и газа. Перемещение части лабораторных испытаний и теоретических исследований на площадку и в скважину, позволяет интегрировать передовой дизайн и план реализации отбора керна и технологию комплексного мониторинга оценки трещин для получения информации об искусственных трещинах в скважине.

后评估

Ретроспективная оценка

有限导流能力（finite conductivity） 考虑裂缝中流动阻力的导流能力。

Ограниченная проводимость. Проводимость с учетом сопротивления потоку в трещине.

无限导流能力（infinite conductivity） 忽略裂缝中流动阻力的导流能力。

Неограниченная проводимость. Проводимость без учета сопротивления потоку в трещине.

裂缝线性流动阶段（fracture linear flow stage） 是继井筒储集效应之后最先出现的一种流动形态。压后初期，以压裂液为主的缝内流体由于弹性膨胀将沿裂缝线性地流向井筒，该流动阶段时间非常短。

Стадия линейного течения в трещине. Это первая форма потока, появившаяся после эффекта накопления в стволе скважины. На ранней стадии после гидроразрыва пласта жидкость в пласте, в котором преобладает жидкость гидроразрыва, будет линейно течь вдоль трещины к скважине из-за упругого распространения, и продолжительность этой стадии потока очень короткая.

地层线性流动阶段（formation linear flow regimes） 当裂缝导流能力很高时才能出现，地层流体流动方向垂直于裂缝，其流线为互相平行直线的流型。

Стадия линейного течения в пласте. Структура потока, возникающая при очень высокой проводимости трещины, при которой направление потока пластовой жидкости перпендикулярно к трещине, а линии потока являются параллельными между собой прямыми линиями.

双线性流动阶段（bilinear flow regimes） 当地层中存在裂缝时，流体靠近裂缝时线性流入裂缝，同时裂缝中的流体线性流入井底的流型。

Стадия билинейного течения. Структура потока, заключающаяся в том, что при наличии трещин в пласте жидкость приближается к трещине, она линейно течет в трещину, и одновременно жидкость из трещины линейно течет в забой скважины.

拟径向流动阶段（pseudo-radial flow regimes） 当地层中存在裂缝时，在供油边界处的地层流体以椭圆形状径向流向裂缝的流型。

Стадия псевдорадиального течения. Структура потока, заключающаяся в том, что при наличии трещин в пласте пластовая жидкость на границе притока в эллиптической форме радиально течет в трещину.

产液剖面测试（production profile logging test） 油气井生产过程中，为了获取每个产层或水平井每个生产段的产油量、产气量、产水量、温度、井下压力和流体密度等参数进行的连续生产动态测试。

Регистрация профиля добычи жидкости. Непрерывное испытание динамики добычи, проводимое в процессе эксплуатации нефтяных и газовых скважин с целью получения параметров каждого продуктивного объекта или каждого продуктивного интервала горизонтальной скважины, таких как добыча нефти, добыча газа, добыча воды, температура, давление в скважине, плотность жидкости и т. д.

化学示踪剂产液剖面测试（PLT with chemical tracer） 通过化学示踪剂方法检测井筒内多层段产液剖面的测试技术。化学示踪剂可分为油溶性示踪剂、水溶性示踪剂和气溶性示踪剂。

Регистрация профиля добычи жидкости методом химических индикаторов. Технология испытания профилей добычи жидкости в нескольких интервалах ствола скважины методом химических индикаторов. Химические индикаторы можно разделить на водорастворимые, нефтерастворимые и газорастворимые типы.

水溶性示踪剂（water-soluble tracer） 含亲水性标记物的化学剂或含亲水表面活性吸附分子的纳米晶体。

Водорастворимый индикатор. Химическое вещество с содержанием гидрофильного маркера или нанокристалла с содержанием гидрофильных поверхно-активных молекул адсорбции.

油溶性示踪剂（oil-soluble tracer） 含亲油性标记物的化学剂或含亲油表面活性吸附分子的纳米晶体。

Нефтерастворимый индикатор. Химическое вещество с содержанием гидрофобного маркера или нанокристалла с содержанием гидрофобных поверхно-активных молекул адсорбции.

气溶性示踪剂（gas-soluble tracer） 含亲气性标记物的化学剂或含亲气表面活性吸附分子的纳米晶体。

Газорастворимый индикатор. Химическое вещество с содержанием атмофильного маркера или нанокристалла с содержанием атмофильных поверхно-активных молекул адсорбции.

压裂施工曲线拟合（fracturing operation curve fitting） 用水力压裂数值模拟方法，通过净压力拟合并调整井筒摩阻，使计算的施工压力拟合上实测的施工压力的过程。

Адаптация кривой гидроразрыва пласта. Процесс адаптации рассчитанного рабочего давления к измеренному рабочему давлению путем адаптации эффективного давления и регулирования сопротивления трению в стволе скважины на основе метода численного моделирования гидроразрыва пласта.

净压力拟合（net pressure fitting） 用水力压裂数值模拟方法，通过调整储层物性、岩石力学、多裂缝等参数，使计算的净压力拟合上施工缝口处的净压力，获得水力裂缝参数的过程。

Адаптация неттодавления. Процесс адаптации рассчитанного эффективного давления к эффективному давлению на устье рабочей трещины для получения параметров трещин гидроразрыва путем регулирования физических свойств пласт–коллектора, механических свойств горных пород, параметров множества трещин и других параметров на основе метода численного моделирования гидроразрыва пласта.

生产动态分析法（dynamic production analysis） 通过压裂后油水井的生产动态数据以及压裂前后生产动态的对比，反演压裂裂缝的尺寸、导流能力等参数，同时认识油气层中油、气、水运动规律的综合性评估分析方法。

Метод анализа динамики добычи после гидроразрыва. Комплексный метод оценки и анализа, заключающийся в том, что с помощью динамических данных по добыче нефтегазодобывающих и водонагнетательных скважин после гидроразрыва пласта, и за счет сравнения динамики добычи до и после гидроразрыва пласта инвертируют размер, проводимость и другие параметры трещин, и одновременно определяют закономерность движения нефти, газа и воды в нефтегазоносных пластах.

参考文献

[1]《油田开发与开采分册》编写组 . 英汉石油大辞典 . 油田开发与开采分册[M]. 北京：石油工业出版社，1995：1-345.

[2]《英汉石油图解百科词典》编委会 . 英汉石油图解百科词典[M]. 北京：石油工业出版社，2013：1-614.

[3] 刘宝和 . 中国石油勘探开发百科全书 . 开发卷[M]. 北京：石油工业出版社，2009：1-815.

[4] GB/T 8423.1—2018　石油天然气工业术语 第 1 部分：勘探开发[S].

[5] GB/T 8423.2—2018　石油天然气工业术语 第 2 部分：工程技术[S].

[6] GB/T 8423.3—2018　石油天然气工业术语 第 3 部分：油气地面工程[S].

[7] GB/T 8423.5—2017　石油天然气工业术语 第 5 部分：设备与材料[S].

[8] SY/T 6174—2012　油气藏工程常用词汇[S].

[9] SY/T 5745—2008　采油采气工程词汇[S].

[10] SY/T 7491.1—2020　油气藏岩石力学性质测试技术规范 第 1 部分：砾岩[S].

[11] SY/T 7627—2021　水基压裂液技术要求[S].

[12] SY/T 7014—2014　分段压裂工具[S].

[13] SY/T 6887—2012　泡沫分流酸化设计与施工规范[S].

[14] SY/T 6566—2003　水力压裂安全技术要求[S].

[15] SY/T 6526—2019　盐酸与碳酸盐岩动态反应速率测定方法[S].

[16] SY/T 6486—2017　注水井酸化中黏土防膨与微粒防运移工艺规范[S].

[17] SY/T 6334—2013　油水井酸化设计、施工及评价规范[S].

[18] SY/T 6302—2019　压裂支撑剂导流能力测试方法[S].

[19] SY/T 6270—2017　石油天然气钻采设备 固井、压裂管汇的使用与维护[S].

[20] SY/T 6214—2016　稠化酸用稠化剂[S].

[21] SY/T 5971—2016　油气田压裂酸化及注水用黏土稳定剂性能评价方法[S].

[22] SY/T 5886—2018　酸化工作液性能评价方法[S].

[23] SY/T 5874—2021　油井堵水效果评价方法[S].

[24] SY/T 5849—2018　油水井化学剂解堵效果评价方法[S].

[25] SY/T 5822—2021　油田化学剂分类及命名规范[S].

[26] SY/T 5796—2020　油田用絮凝剂评价方法[S].

[27] SY/T 5755—2016　压裂酸化用助排剂性能评价方法[S].

[28] SY/T 5754—2016　油田酸化互溶剂性能评价方法[S].

[29] SY/T 5753—2016　油井酸化水井增注用表面活性剂性能评价方法[S].

[30] SY/T 5534—2019　石油天然气钻采设备 油气田专用车通用技术规范[S].

[31] SY/T 5405—2019　酸化用缓蚀剂性能试验方法及评价指标[S].

[32] SY/T 5340—2020　砾石充填防砂方法[S].

[33] SY/T 5338—2021　加固井壁和人工井壁防砂工艺作法[S].

[34] SY 5727—2020　井下作业安全规程[S].

[35] SY/T 5483—2017　常规地层测试技术规程[S].

[36] SY/T 5486—2010　非常规地层测试技术规程[S].

中文条目索引

E

F

G

H

J

K

L

M

N

P

Q

R

S

T

V

W

X

Y

Z

Алфавитный указатель на русском языке

Г

Д

Е

Ж

З

И

К

Л

М

П

Р

C

Т

У

Ф

Х

Ц

Ч

Ш

Э

Я